HOLOGRAPHIE

PAR

M. FRANÇON

Professeur à l'Institut d'Optique
et à la Faculté des Sciences de Paris

MASSON ET Cie, ÉDITEURS
120, Boulevard Saint-Germain, PARIS VIe
1969

Tous droits de traduction, d'adaptation et de reproduction par tous procédés, réservés pour tous pays.

© 1969, Masson et Cie, Paris

(Imprimé en France)

HOLOGRAPHIE

A LA MÊME LIBRAIRIE

Du même auteur :

Physique CB-BG. 1re année *(Enseignement supérieur, 1er cycle)*. 2e édition, 1969. 334 pages, 429 figures.

Expériences de physique. *Expériences de démonstration.* 2e édition, 1963. 340 pages, 620 figures, 5 planches h. t. dont 1 en couleurs.

Le contraste de phase en optique et en microscopie. Préface de A. Arnulf. 1950. 112 pages, 57 figures.

Contraste de phase et contraste par interférences (Colloques de la Commission Internationale d'Optique, Paris, 1951). Mémoires et discussions publiés par M. Françon. 1952. 263 pages, 205 figures.

Diffraction. Structure des images, par M. Françon et A. Maréchal. 1960 *(actuellement épuisé)*.

Autres ouvrages :

Optique. Cours de physique générale, *à l'usage de l'enseignement supérieur scientifique et technique* (G. Bruhat). 6e édition, par A. Kastler. 1965. 1 026 pages, 752 figures.

Optique physique *(Cours à l'usage de la licence et de la maîtrise)*, par J. Roig.

Tome I. — *Propagation. Cohérence. Interférences.* 1967. 352 pages, 135 figures.

Sources lumineuses, par M. Cohu. 1966. 126 pages, 122 figures.

Les lasers. *Principes, réalisations, applications,* par A. Orszag. 1968. 176 pages, 47 figures.

Physique appliquée a la reproduction des sons et des images, par A. Didier *(Collection du Conservatoire national des Arts et Métiers).*

Tome I. — *Acoustique. Électo-acoustique. Enregistrement et reproduction des sons.* 1964. 272 pages, 267 figures.

Précis d'optique cristalline appliquée a l'identification des minéraux, par P. Bordet. 1968. 220 pages, 144 figures, 8 planches, 2 hors-texte, 1 dépliant en couleurs.

Éléments de physique moderne, par R. L. Sproull. Traduit de l'anglais. 1967. 636 pages, 290 figures.

INTRODUCTION

L'HOLOGRAPHIE, PAR SES DÉVELOPPEMENTS ET SES APPLICATIONS, est devenue l'une des branches les plus importantes de l'optique moderne. Elle donne lieu à des expériences simples et élégantes dont les possibilités sont multiples. La restitution d'images en trois dimensions et en couleurs donnant la sensation parfaite du relief est, certes, l'une des réalisations les plus spectaculaires de l'holographie, mais elle ne doit pas faire oublier les remarquables résultats obtenus dans de nombreux autres domaines, notamment en interférométrie où elle permet de faire interférer des ondes enregistrées à des instants différents. Bien entendu, les principes fondamentaux ne sont pas remis en cause car à chaque enregistrement, la plaque photographique reçoit la lumière qui a traversé l'objet plus un fond cohérent. Après développement, l'amplitude transmise par le négatif est proportionnelle à l'éclairement initial, lequel fait intervenir le produit de l'amplitude qui a traversé l'objet par l'amplitude du fond cohérent. Si on fait plusieurs poses successives avec le même fond cohérent et la même durée d'exposition, le négatif peut donner une amplitude transmise égale à la somme des amplitudes correspondant aux différents enregistrements. En éclairant le négatif, ces amplitudes, enregistrées pourtant à des instants différents, sont capables d'interférer.

Mais, pour la première fois, des objets diffusants quelconques peuvent être étudiés eux-mêmes par interférométrie et c'est peut-être là l'une des possibilités les plus intéressantes de l'holographie. Le hologramme d'un objet diffusant en trois dimensions donne une image qui est mise en coïncidence avec l'objet lui-même. L'objet et le hologramme sont éclairés comme au moment de l'enregistrement. L'image interfère avec l'objet et si celui-ci subit une déformation, la coïncidence cesse, ce qui a pour effet de modifier la différence de marche et de provoquer l'apparition de franges d'interférences caractéristiques de la déformation.

L'holographie peut avoir aussi des applications d'une grande importance en microscopie. Imaginons que le hologramme soit enregistré avec une longueur d'onde λ et observé avec une longueur d'onde λ'. L'image est agrandie dans le rapport λ'/λ. Si l'enregistrement est fait avec des rayons X et l'observation avec des radiations visibles, on peut obtenir des résultats comparables à ceux de la microscopie électronique. Mais un tel microscope est encore du domaine du futur.

L'holographie ne se limite pas à l'optique, et ses développements dans le domaine de l'acoustique laissent prévoir des applications importantes notamment en médecine, en géophysique et même en archéologie.

En rédigeant cette initiation à l'holographie, il nous a semblé utile de rappeler d'abord quelques éléments fondamentaux notamment sur la cohérence spatiale et la cohérence temporelle. Dans le deuxième chapitre, nous donnons les principes de l'holographie et de ses applications sans faire intervenir aucun calcul mathématique. Nous espérons que, dans ces conditions, les deux premiers chapitres permettront une compréhension facile du mécanisme physique de l'holographie. Dans le troisième chapitre, nous reprenons l'étude des principaux phénomènes à l'aide de la théorie des interférences et de la diffraction. Enfin, le dernier chapitre est consacré à l'étude du filtrage optique et de la reconnaissance des formes.

Le nombre des chercheurs qui ont publié des travaux originaux sur l'holographie est tel qu'il nous a paru presque impossible de les citer dans le texte et nous les prions de bien vouloir nous en excuser. Les références indiquées au bas de certaines pages ne donnent pas la bibliographie complète des questions auxquelles elles se rapportent. Ces références ont seulement pour but de guider le lecteur.

M. Françon.

Paris, 20 mai 1969.

CHAPITRE PREMIER

ÉLÉMENTS FONDAMENTAUX

1.1. — Variations d'amplitude et variations de phase d'une onde lumineuse.

Considérons un objet A éclairé par un faisceau de rayons parallèles (fig. 1.1). L'objet A est une lame de verre d'épaisseur constante dont la transparence varie en chaque point. C'est, par exemple, une plaque photographique représentant l'image d'un paysage. L'amplitude lumineuse est la même en tous les points de l'onde plane incidente Σ_0 mais il n'en est plus de même après traversée de l'objet A. En chaque point de l'onde transmise Σ_1 l'amplitude varie en fonction de la transparence de la région de l'objet qui a été traversé par l'onde. Si on forme en A' une image de A à l'aide d'un objectif O supposé parfait, en un point quelconque de l'image A', l'amplitude est égale à l'amplitude au point correspondant de l'objet A. L'objet A, appelé objet d'amplitude, affecte l'amplitude de l'onde qui le traverse. Pour l'observation, on forme

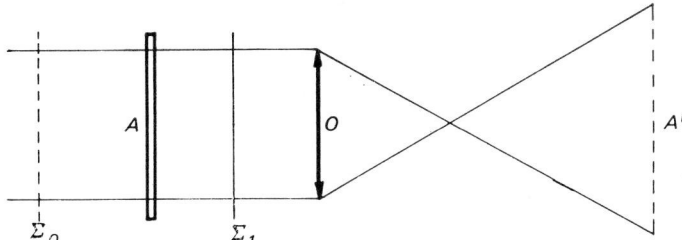

FIG. 1.1. — *Onde Σ_1 transmise par un objet A plus ou moins absorbant.*

l'image A' sur un détecteur, par exemple une plaque photographique placée en A', ou bien on forme une nouvelle image de A' sur la rétine à l'aide d'un système optique quelconque non représenté sur la figure 1.1. Dans tous les cas, le récepteur, rétine, plaque photographique, photomultiplicateur, etc., n'est sensible qu'à l'intensité, c'est-à-dire au carré de l'amplitude lumineuse.

Remplaçons l'objet d'amplitude A par un objet B (fig. 1.2) caractérisé non plus par des variations d'amplitude (ou d'intensité) mais par des variations

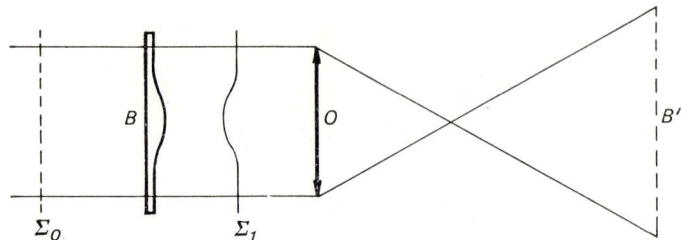

Fig. 1.2. — *Onde Σ_1 transmise par un objet B déphasant.*

d'épaisseur. L'objet B est une lame de verre parfaitement transparente d'indice de réfraction n constant, mais d'épaisseur variable. Pour simplifier, on suppose qu'une face est plane et que les déformations sont localisées sur l'autre face. En un point où l'épaisseur est e (fig. 1.3), l'épaisseur optique produit de l'indice n par l'épaisseur géométrique e est ne. Le rayon (1) effectue dans la lame le chemin optique ne. Si HJ est parallèle à la face plane de la lame, un rayon (2) traverse une autre région d'épaisseur e_0 accomplit le chemin optique ne_0 dans la lame

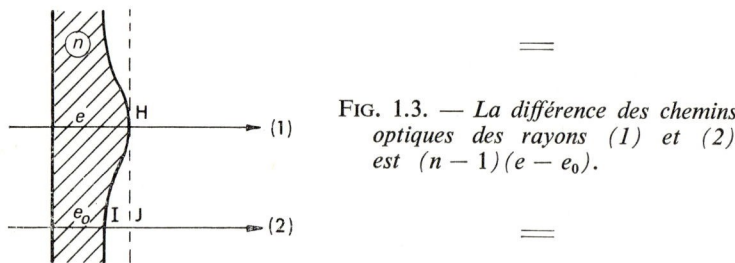

Fig. 1.3. — *La différence des chemins optiques des rayons (1) et (2) est $(n-1)(e-e_0)$.*

et le chemin IJ $= e - e_0$ dans l'air. La différence des chemins optiques des rayons (1) et (2), on dit aussi la différence de marche entre les rayons (1) et (2), est :

$$\delta = ne - [ne_0 + e - e_0] = (n-1)(e-e_0) \qquad (1.1)$$

Si le faisceau de rayons parallèles provient d'une source monochromatique de longueur d'onde λ, aux variations de la différence de marche δ, produites par les irrégularités de la lame, correspondent les variations de phase $\varphi = 2\pi\delta/\lambda$. Après traversée de l'objet B l'amplitude de l'onde reste inchangée puisque l'objet est parfaitement transparent mais l'onde Σ_1 est déformée par les variations de phase de l'objet (fig. 1.2). L'onde est en avance dans les régions qui correspondent à des chemins optiques petits et elle est en retard dans les régions correspondant aux chemins optiques plus grands. L'objet B, appelé objet de phase, affecte la phase de l'onde qui le traverse sans changer son amplitude.

Si on forme en B' une image de B à l'aide d'un objectif O, l'amplitude (ou l'intensité lumineuse égale au carré de l'amplitude) est la même en tous les points de l'image B', seule la phase varie. Comme tous les détecteurs, œil, plaque photographique, photomultiplicateur, etc., ne sont pas sensibles aux variations de phase quel que soit le mode d'observation, l'image B' apparaîtra uniforme.

1.2. — Peut-on rendre visibles les variations de phase d'un objet transparent (*) ?

Il y a fort longtemps que l'on sait enregistrer et rendre visibles les variations de phase, par exemple les variations d'indice de réfraction ou les variations

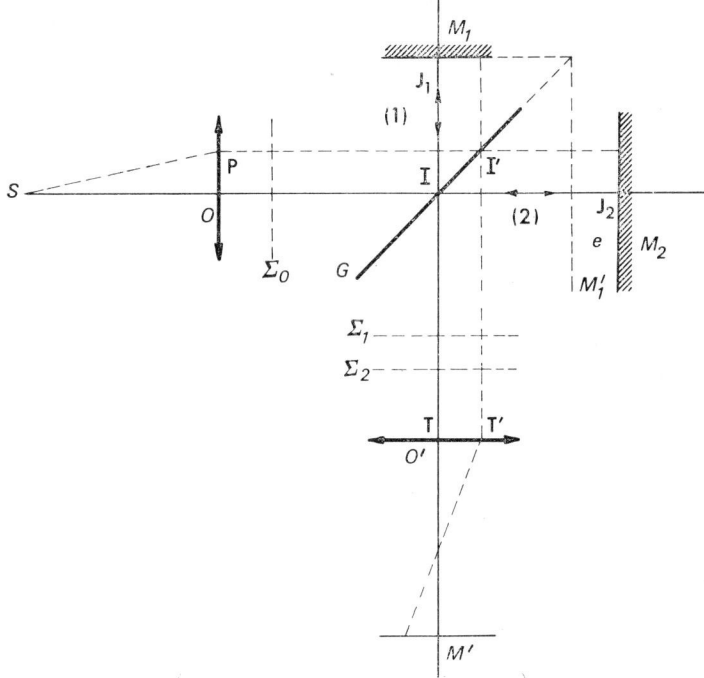

Fig. 1.4. — *Principe de l'interféromètre de* MICHELSON.

d'épaisseur d'une lame de verre transparente. Nous citerons les deux méthodes les plus importantes : les interférences et le contraste de phase. Considérons un interféromètre de Michelson (fig. 1.4). Il est constitué par une lame séparatrice G inclinée à 45° sur les rayons incidents et par deux miroirs-plans M_1

(*) Référence 348.

et M_2. Orientons les miroirs M_1 et M_2 de façon qu'ils soient perpendiculaires l'un à l'autre et à 45° de la lame séparatrice. L'interféromètre de Michelson est éclairé par une source ponctuelle S au foyer d'un objectif O. La source S émet de la lumière monochromatique de longueur d'onde λ. Pour simplifier, nous considérons seulement le rayon dirigé suivant l'axe optique de l'objectif O et normal à M_2. En I il se divise en deux rayons, l'un se réfléchit sur G puis sur M_1, revient sur lui-même, traverse G en I et sort suivant IT. C'est le trajet (1). L'autre rayon traverse G en I, se réfléchit sur M_2, revient sur lui-même, se réfléchit en I sur G et sort suivant IT. C'est le trajet (2). A la sortie de l'objectif O, on a une onde plane Σ_0 qui se divise en deux ondes planes lorsque les rayons rencontrent G. L'une de ces deux ondes suit le trajet (1) et en sort suivant Σ_1, l'autre suit le trajet (2) et sort suivant Σ_2. Si M_1 et M_2 sont symétriques par rapport à G, Σ_1 et Σ_2 sont confondues. Si le symétrique M_1' de M par rapport à G est à une distance e de M_2, la distance de Σ_1 à Σ_2 est égale à $2e$. On dit que la différence de marche des rayons qui suivent le trajet (1) et le trajet (2) est égale à $\delta = 2e$.

Les vibrations lumineuses transportées par le rayon IJ_1IT vont interférer avec les vibrations lumineuses transportées par le rayon IJ_2IT. La différence de marche de ces deux rayons est $\delta = 2e$ et d'après les lois élémentaires des interférences, l'intensité en un point quelconque de IT est proportionnelle à $cos^2 \dfrac{\pi \delta}{\lambda}$. Les résultats sont les mêmes pour un rayon quelconque tel que PI' qui donne naissance en I' à 2 rayons qui suivent les 2 trajets du type (1) et du type (2). Ces 2 rayons sortent confondus suivant I'T' et la différence de marche des vibrations qu'ils transportent est encore $\delta = 2e$. Quelle que soit la région considérée de M_1 (ou de M_2) la différence de marche reste constante. Formons en M' une image de M_1 (ou de M_2) à l'aide d'un objectif O'. La distance e est toujours faible et on peut considérer que les deux images de M_1 et de M_2 sont pratiquement « au point » en M'. Puisque la différence de marche δ reste constante, l'intensité dans l'image M' proportionnelle à $cos^2 \dfrac{\pi \delta}{\lambda}$ est la même partout. On a une image uniforme. Bien entendu, si on déplace M_1 (ou M_2) parallèlement à lui-même, on fait varier e c'est-à-dire δ et il en est de même de l'intensité dans l'image M' mais pour chaque valeur de e l'intensité est la même dans toute l'image. On a une image uniforme dont l'intensité varie en même temps et de la même façon en tous les points de l'image.

Plaçons maintenant un objet déphasant dans l'interféromètre. Ce sera par exemple une lame de verre transparente B (fig. 1.5) d'indice constant et d'épaisseur variable. L'objet B est interposé sur l'un ou l'autre des trajets (1) et (2). Dans le cas de la figure 1.5, il est placé entre G et M_2. L'onde qui a suivi le trajet (1) sort suivant Σ_1. L'onde qui a suivi le trajet (2) a traversé 2 fois l'objet B et sort suivant Σ_2. L'onde Σ_2 est déformée par l'objet déphasant B comme nous l'avons vu au paragraphe 1.1.

Considérons, par exemple, le rayon SO dirigé suivant l'axe optique de

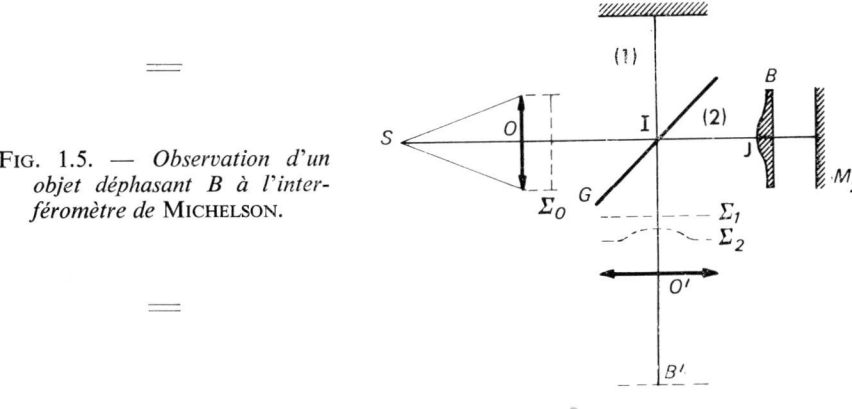

Fig. 1.5. — *Observation d'un objet déphasant B à l'interféromètre de Michelson.*

l'objectif O. Il traverse B en J et soit e l'épaisseur de B en cet endroit. Si M_1 et M_2 sont symétriques par rapport à G, la différence de marche entre le rayon qui traverse B en J et le rayon correspondant qui p rcourt le trajet (1) est :

$$\delta = 2(n-1)e \qquad (1.1)$$

à la sortie de l'interféromètre. Le facteur 2 est dû à la double traversée de l'objet B. La différence de marche δ varie d'un point à un autre de B et elle est représentée par l'écart entre Σ_1 et Σ_2. Dans l'image B' de B donnée par l'objectif O', l'intensité varie proportionnellement à $cos^2 \pi\delta/\lambda$. Les variations de phase de l'objet B, c'est-à-dire de l'onde Σ_2, sont rendues visibles.

Une deuxième méthode permettant de transformer les variations de phase en variations d'intensité est la méthode du contraste de phase que nous rappelons brièvement (fig. 1.6).

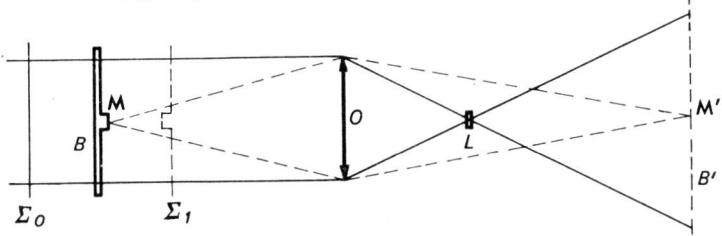

Fig. 1.6. — *Observation d'un objet déphasant B par la méthode du contraste de phase.*

L'objet déphasant B est constitué par une lame à faces parallèles B comportant un petit accident d'épaisseur localisé en M. Ce détail déphasant M diffracte de la lumière qui est recueillie par l'objectif O et concentré en M′ dans l'image B'. L'objet B étant parfaitement transparent, l'image B' est uniforme et on ne voit pas la variation d'épaisseur en M. On sait que la variation de phase en M est transformée en variation d'intensité en M' en plaçant une lame de phase très étroite L au foyer de l'objectif O, là où se trouve l'image de la source ponctuelle. La lumière d'éclairage provenant du faisceau de rayons parallèles incidents traverse la lame de phase L mais la lumière diffractée par M passe presque tout entière à côté de la lame de phase.

Soit m l'amplitude de la lumière diffractée en M' et b l'amplitude de la lumière d'éclairage qui s'étale sur toute l'image B'. On suppose que l'épaisseur optique du détail M est faible. Ce détail diffracte donc peu de lumière et l'amplitude m est petite devant l'amplitude b. Nous admettrons que m^2 est négligeable.

La théorie montre que si l'épaisseur optique du détail M est faible, tout se passe pour la lumière d'éclairage comme si le détail déphasant M n'existait pas. On a donc dans l'image B' :

a) un fond uniforme produit par la lumière d'éclairage,

b) la lumière diffractée par M et qui est concentrée en M'.

La théorie montre enfin que les vibrations transportées par la lumière diffractée sont en quadrature avec les vibrations transportées par la lumière d'éclairage.

Les lois élémentaires des interférences indiquent alors que, sans la lame de phase, la lumière diffractée par M s'ajoute en intensité avec la lumière directe dans l'image B'. L'intensité en M' est $m^2 + b^2$ c'est-à-dire pratiquement égale à b^2 car m^2 est négligeable. A côté de l'image M' l'intensité est aussi égale à b^2 et l'image M' de l'objet déphasant M reste invisible. En donnant à la lame de phase L une épaisseur optique convenable, on peut s'arranger pour que la lumière diffractée et la lumière d'éclairage soient en phase. Dans ces conditions, l'intensité en M' est égale au carré de la somme des amplitudes $(m + b)^2$ et non plus à la somme des carrés des amplitudes $m^2 + b^2$. Mais si on néglige toujours m^2, on a maintenant :

$$(m + b)^2 \simeq b^2 + 2mb \tag{1.2}$$

donc l'intensité en M' est différente de l'intensité b^2 dans le reste du champ. L'image du détail déphasant M' devient visible. Grâce à la lame de phase L on a transformé la variation de phase en M en variation d'intensité dans l'image M'. On voit que dans le cas des interférences (fig. 1.5) on peut enregistrer les variations de phase grâce aux interférences de l'onde non perturbée Σ_1 avec l'onde Σ_2 qui a traversé l'objet B. On dit que l'onde Σ_1 constitue un « *fond cohérent* ».

De même dans le cas du contraste de phase (fig. 1.6) on peut enregistrer la variation de phase en M grâce aux interférences de la lumière d'éclairage, qui a traversé la lame de phase, avec la lumière diffractée par M. La lumière d'éclairage qui s'étale en B' sur l'image constitue aussi un « *fond cohérent* ». La conclusion importante de ces deux expériences est la suivante : *on ne peut enregistrer les variations de phase d'une onde qu'en faisant interférer cette onde avec une deuxième onde cohérente.*

1.3. — Cohérence spatiale (*).

Dans les expériences précédentes nous avons considéré une source ponctuelle monochromatique. Il est bien évident que dans la réalité, il n'existe ni des sources ponctuelles ni des sources monochromatiques et ces notions ont besoin d'être précisées.

Reprenons l'interféromètre de Michelson (fig. 1.7) éclairé par une source idéale S ponctuelle et monochromatique. On incline d'un très petit angle ε le miroir M_2 de sorte que celui-ci n'est plus confondu avec un plan parallèle au symétrique M'_1 de M_1. Sur la figure 1.7 on suppose que les miroirs-plans M_1

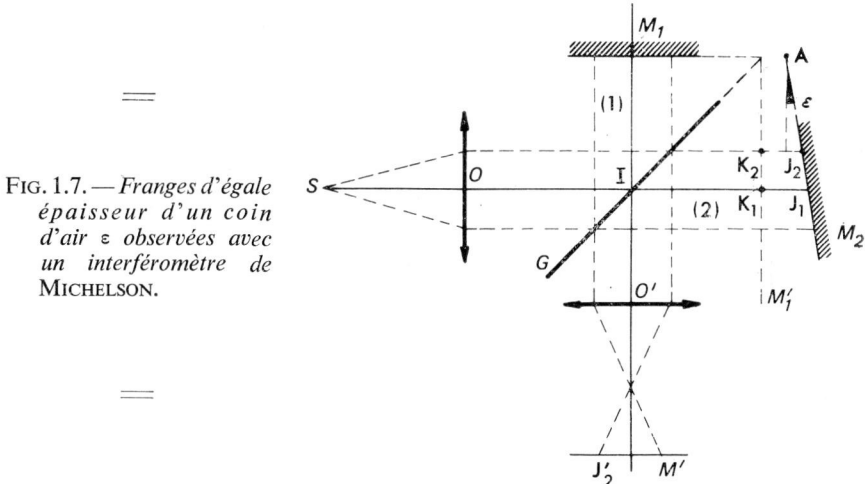

Fig. 1.7. — *Franges d'égale épaisseur d'un coin d'air ε observées avec un interféromètre de* Michelson.

et M_2 sont perpendiculaires au plan de figure. L'inclinaison de M_2 se fait autour d'un axe perpendiculaire au plan de figure et dont la trace est en A.

Considérons le rayon SO dirigé suivant l'axe optique de l'objectif O. Il se réfléchit en J_1 sur le miroir M_2 et traverse M'_1 en K_1. Comme ε est très petit, on peut admettre que le rayon réfléchi en J_1 revient pratiquement sur lui-même. Donc, la différence de marche entre le rayon qui se réfléchit en J_1 et le rayon correspondant qui a suivi le trajet (1) est $\delta = \overline{K_1 J_1}$. Pour un autre rayon arrivant en J_2, la différence de marche entre ce rayon et le rayon correspondant ayant suivi le trajet (1) est $\delta = 2\overline{K_2 J_2}$. Si $\overline{K_2 J_2} = e$ la différence de marche est $\delta = 2e$. Formons une image de M_2 (ou de M_1) en M' à l'aide d'un objectif O'. Supposons que les deux miroirs aient le même facteur de réflexion.

(*) Référence 14.

Par suite des interférences, au point J'_2 conjugué de J_2, on aura une intensité I donnée, à un facteur constant près, par l'expression :

$$I = \cos^2 \frac{\pi\delta}{\lambda} = \cos^2 \frac{2\pi e}{\lambda} \qquad (1.3)$$

Le long de M' dans une direction parallèle au plan de figure, l'intensité varie comme $\cos^2 x$ (fig. 1.8). Bien entendu, l'intensité ne varie pas dans une direction perpendiculaire au plan de la figure 1.7 puisque $\overline{K_2J_2}$ reste constant le long de cette direction. On a donc des franges d'interférences sinusoïdales dirigées perpendiculairement au plan de la figure 1.7 avec une loi de variation des intensités dans une direction perpendiculaire donnée par (1.3) et représentée sur la figure 1.8.

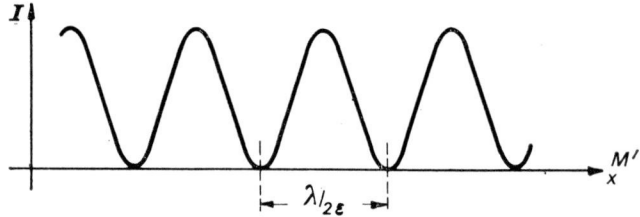

Fig. 1.8. — *Structure des franges d'égale épaisseur du coin d'air ε en incidence normale.*

Prenons le point A comme origine et posons $\overline{J_2A} = x$. On a $e = \varepsilon x$ et la formule (1.3) montre que la distance qui sépare deux maximums consécutifs (ou deux minimums consécutifs) est égale à $\lambda/2\varepsilon$. Tout se passe comme si les rayons s'étaient réfléchis sur M'_1 et M_2 c'est-à-dire sur un « coin d'air » d'angle ε.

Que deviennent ces franges si la source ponctuelle est en S' au lieu d'être en S (fig. 1.9) ? Le rayon provenant de S' et qui aboutit en J_2 arrive sous l'inci-

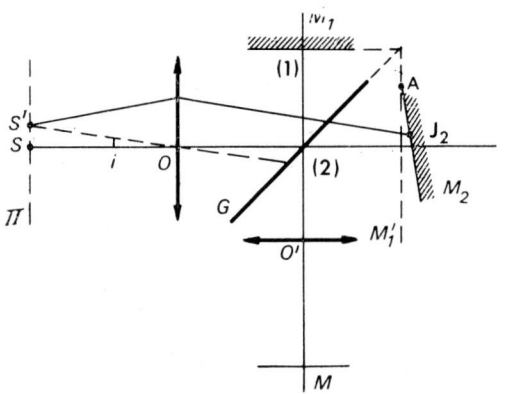

Fig. 1.9. — *Interféromètre de* Michelson *éclairé en incidence oblique par la source ponctuelle S'.*

dence i sur M'_1. Un calcul élémentaire montre que la différence de marche n'est plus $\delta = 2e$ mais $\delta' = 2e \cos i$. La différence de marche *diminue* et dans l'image M' l'intensité I est donnée par :

$$I = \cos^2 \frac{\pi \delta}{\lambda} = \cos^2 \left(\frac{2\pi e \cos i}{\lambda} \right) \qquad (1.4)$$

La source S' donne encore des franges sinusoïdales analogues à celles données par S mais plus écartées, car la formule (1.4) montre que l'écartement des franges est égal à $\dfrac{\lambda}{2\varepsilon \cos i} > \dfrac{\lambda}{2\varepsilon}$ (fig. 1.10).

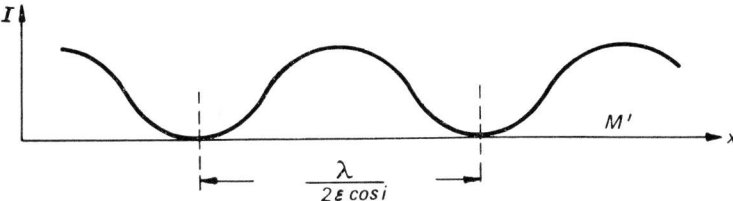

FIG. 1.10. — *Structure des franges d'égale épaisseur du coin d'air ε sous l'incidence i.*

Imaginons que S et S' agissent simultanément : ce sont deux sources indépendantes, nous dirons incohérentes, et les phénomènes qu'elles produisent s'ajoutent en intensité. Dans l'image M' il faudra faire la somme des répartitions d'intensités données par les courbes des figures 1.8 et 1.10. Comme les franges correspondant aux deux phénomènes n'ont pas le même écartement, les maximums et les minimums ne se produiront pas aux mêmes endroits. Le phénomène produit par S et S' agissant ensemble sera moins net que le phénomène produit par S et S' agissant séparément.

Considérons maintenant une source étendue formée par un très grand nombre de sources telles que S et S' situées dans un plan π (fig. 1.9). Ces sources ponctuelles sont par exemple les atomes de la source. Si la source a une très petite étendue, il peut se faire que pour tous les atomes de la source $\cos i$ soit pratiquement égal à 1. Dans ces conditions, la formule (1.4) ne diffère pas de la formule (1.3). Tous les atomes de la source donnent le même phénomène. Le phénomène résultant, somme, en intensité, de tous les phénomènes dus à tous les atomes est le même que celui produit par un atome mais il est évidemment beaucoup plus lumineux. Les franges sont donc parfaitement nettes en M'. On dit que l'éclairage est *spatialement cohérent*. Augmentons le diamètre de la source, il arrivera un moment où on ne peut plus écrire $\cos i = 1$ et tous les atomes de la source ne donnent plus tout à fait le même phénomène. Les franges se brouillent en M' et le phénomène est moins net. On dit que l'éclairage est *spatialement partiellement cohérent*. Continuons à augmenter le diamètre de la source, on finira par avoir un très grand nombre de phénomènes très différents. Le brouillage sera complet et on ne verra plus de franges sur l'image M' qui devient uniforme. On dit que l'éclairage est *spatialement incohérent*.

Donc, si on considère une source monochromatique, la cohérence de l'éclairage dépend des dimensions de la source.

Si l'étendue de la source est assez petite pour que les franges soient parfaitement nettes, l'*éclairage est cohérent*.

En augmentant l'étendue de la source, la visibilité des franges diminue et l'éclairage devient *partiellement cohérent*.

Enfin, lorsque les dimensions de la source deviennent telles que les franges disparaissent, l'*éclairage est incohérent*.

1.4. — Cohérence temporelle (*).

Dans la théorie électromagnétique, les atomes d'une source lumineuse émettent des vibrations qui ne sont pas illimitées. L'émission se fait par « trains d'ondes » et il y a une relation entre la longueur des trains d'ondes et la composition spectrale de la lumière émise. Plus les trains d'ondes sont longs et plus le spectre est étroit ; c'est ce que montre la figure 1.11. On a représenté les trains d'ondes par des sinusoïdes. Sur la partie droite de la figure 1.11, les courbes donnent la composition spectrale de la lumière correspondant aux trains d'ondes. La fréquence v_0 est la fréquence moyenne du spectre émis. A la limite

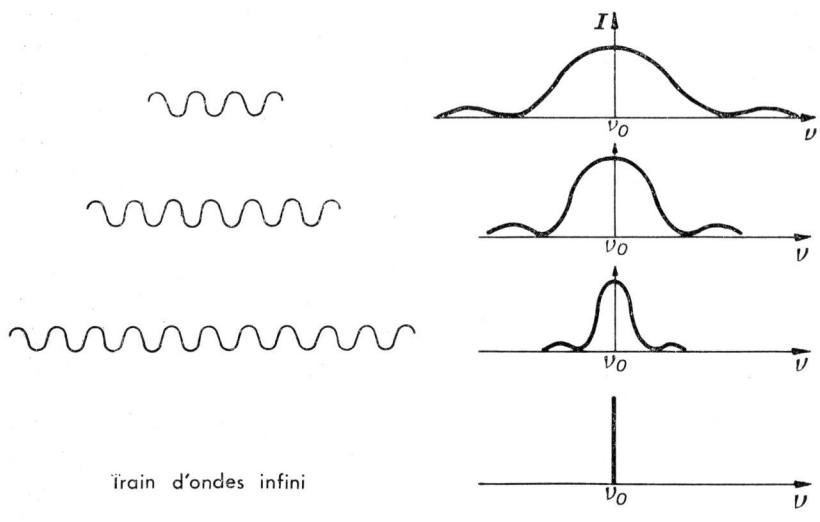

Fig. 1.11. — *Relation entre la longueur des trains d'ondes et le spectre de la lumière émise.*

(*) Référence 14.

théorique, pour un train d'ondes infini, on aurait émission d'une radiation monochromatique de fréquence v_0.

Considérons un interféromètre de Michelson (fig. 1.12) éclairé par une source assez petite pour que l'éclairage soit considéré comme *spatialement cohérent*. La source S émet de la lumière non monochromatique et on a représenté un train d'ondes incident entre O et I. En I ce train d'ondes se divise en deux trains d'ondes, l'un parcourt le trajet (1) et l'autre le trajet (2). Si le miroir M_2 a la position indiquée sur la figure 1.12, le train d'ondes qui suit le trajet (2) parcourt un chemin un peu plus long que le train d'ondes qui suit le trajet (1). Ces deux trains d'ondes sont représentés à la sortie de l'inter-

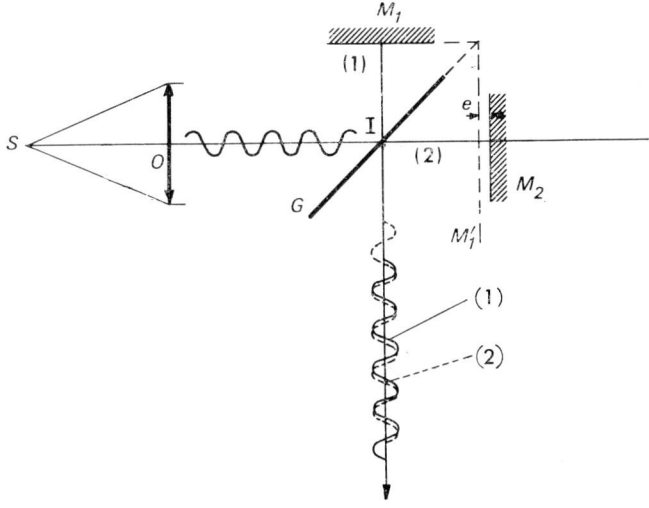

FIG. 1.12. — *Si la différence de marche $\delta = 2e$ est plus petite que la longueur des trains d'ondes émis par S, les 2 trains d'ondes qui ont suivi les trajets (1) et (2) se recouvrent. Les interférences sont visibles.*

féromètre : le train d'ondes qui a suivi le trajet (1) est en trait plein et celui qui a suivi le trajet (2) en pointillé. Le décalage de ces deux trains d'ondes l'un par rapport à l'autre est égal à la différence de marche $\delta = 2e$ créé par l'interféromètre. Si δ est beaucoup plus petit que la longueur des deux trains d'ondes, ces derniers sont pratiquement superposés et ils peuvent interférer. Les phénomènes d'interférences sont parfaitement nets et on dit qu'il y a *cohérence temporelle*.

Augmentons la différence de marche, c'est-à-dire éloignons M_2 de M'_1. A la sortie de l'interféromètre les deux trains d'ondes se recouvrent de moins en moins et comme conséquence les phénomènes d'interférences deviennent de moins en moins nets.

Quand la différence de marche $\delta = 2e$ devient plus grande que la longueur

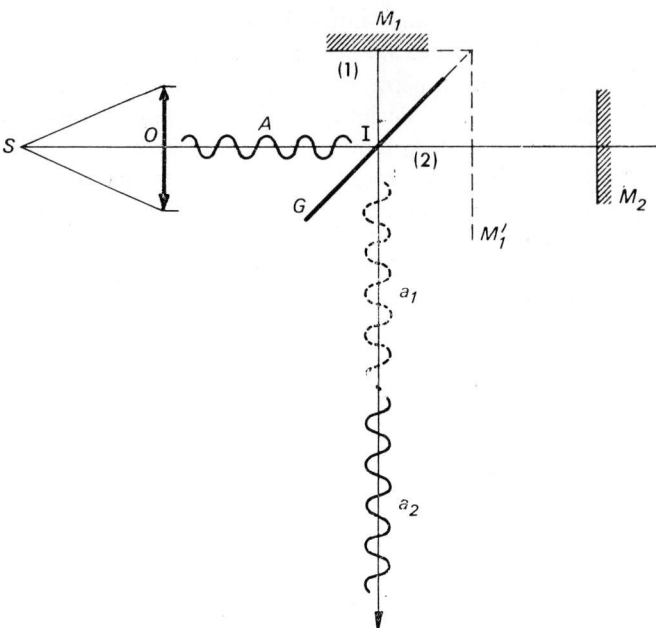

FIG. 1.13. — *Si la différence de marche* $\delta = 2e$ *est plus grande que la longueur des trains d'ondes, les 2 trains d'ondes qui ont suivi les trajets* (1) *et* (2) *ne se recouvrent pas. Les interférences sont invisibles.*

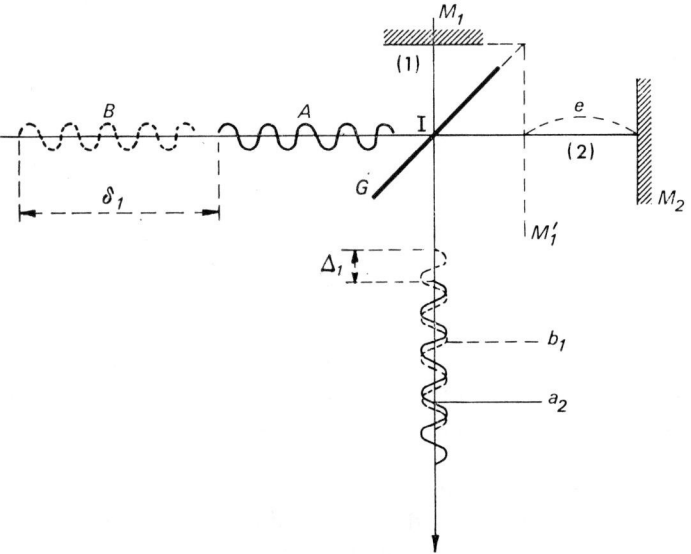

FIG. 1.14. — *Les 2 trains d'ondes qui se recouvrent proviennent de 2 trains d'ondes initiaux différents.*

des trains d'ondes, on a la disposition de la figure 1.13. A la sortie de l'interféromètre, les deux trains d'ondes a_1 et a_2 qui proviennent du même train d'ondes initial A ne se recouvrent plus. Ils ne peuvent donc plus interférer. Il peut y avoir néanmoins des trains d'ondes qui se recouvrent à la sortie de l'interféromètre mais ils ne peuvent pas provenir du même train d'ondes initial. C'est ce que montre la figure 1.14. Les deux trains d'ondes A et B sont émis à des instants différents et leur décalage est δ_1. La différence de marche $\delta = 2e$ créé par l'interféromètre est supposée telle que les deux trains d'ondes a_1 et a_2 (a_1 non représenté) qui proviennent de A ne se recouvrent pas. De même les 2 trains d'ondes b_1 et b_2 (b_2 non représenté) qui proviennent de B ne se recouvrent pas. Mais il se peut fort bien que le train d'ondes b_1 qui parcourt un chemin moins long dans l'interféromètre (trajet 1) recouvre le train d'ondes a_2 qui parcourt un chemin plus long (trajet 2). Le décalage $\delta = 2e$ créé par l'interféromètre peut rattraper le retard initial (δ_1) des deux trains d'ondes A et B. Le décalage Δ_1 des deux trains d'ondes a_2 et b_1 à la sortie de l'interféromètre est :

$$\Delta_1 = \delta_1 - \delta = \delta_1 - 2e \tag{1.5}$$

Si on avait le temps d'observer les phénomènes pendant la durée de ces deux trains d'ondes on pourrait observer des interférences puisque les deux trains d'ondes se recouvrent. En fait, avec les sources ordinaires pour lesquelles la durée des trains d'ondes est très courte, cela n'est pas possible et on reçoit un nombre énorme de trains d'ondes pendant la durée nécessaire pour faire une observation. Que se passe-t-il dans ces conditions ? L'émission des trains d'ondes par un atome étant un phénomène aléatoire, les décalages initiaux δ_1, δ_2, δ_3, etc., varient d'une façon absolument quelconque dans le temps. Il en est de même des décalages à la sortie de l'interféromètre qui prennent des valeurs Δ_1, Δ_2, Δ_3, etc., quelconques. Pendant la durée nécessaire pour faire une observation, on aura un nombre énorme de phénomènes différents qui vont se brouiller. Les interférences ne sont plus observables et on dit qu'il y a *incohérence temporelle*. La longueur des trains d'ondes est appelée *longueur de cohérence*. Si τ est la durée de chaque train d'ondes et c la vitesse de la lumière, la longueur de cohérence est $l = c\tau$. Le temps τ *est appelé temps de cohérence*.

De ce qui précède, on peut conclure les deux points importants suivants :

a) pour que des phénomènes d'interférences soient observables avec les sources ordinaires, il faut que la différence de marche de l'appareil produisant les interférences soit plus petite que la longueur de cohérence ;

b) les interférences donnent des phénomènes d'autant plus nets que la différence de marche est plus petite par rapport à la longueur de cohérence.

1.5. — *Cohérence dans le cas des lasers.*

Les lasers sont des sources lumineuses remarquables par leur cohérence spatiale et temporelle. Du point de vue cohérence spatiale, on peut dire que le faisceau qui sort d'un laser se comporte comme un faisceau émis par une source S intense et extrêmement petite au foyer d'un objectif O dont l'ouverture serait très grande (fig. 1.15). On a à la fois cohérence spatiale et une grande intensité. Par ailleurs, la longueur des trains d'ondes émis est considérablement plus grande que pour les sources ordinaires. Le laser a donc une grande cohérence temporelle.

Fig. 1.15. — *Faisceau spatialement cohérent produit par une source ponctuelle au foyer d'un objectif.*

Si nous reprenons l'expérience de la figure 1.14 avec, comme source, un laser, il ne serait plus impossible d'observer des interférences lorsque la différence de marche est plus grande que la longueur de cohérence. En effet, avec un laser, le temps de cohérence peut être suffisamment long pour que l'on ait le temps d'observer les phénomènes pendant la durée d'un train d'ondes. Comme les deux trains d'ondes A et B de la figure 1.14 sont émis à des instants différents, il importe peu qu'ils proviennent du même atome ou de deux atomes différents. Cela veut dire qu'il est possible d'observer des interférences avec deux sources différentes pourvu que ces deux sources soient deux lasers. La même expérience est pratiquement impossible à réaliser avec les sources ordinaires.

1.6. — Diffraction à l'infini et à distance finie (*).

Un objectif O, supposé parfait, reçoit un faisceau de rayons parallèles provenant d'une source ponctuelle monochromatique S située à l'infini (fig. 1.16). L'onde plane incidente Σ_0 est transformée en une onde sphérique Σ_1

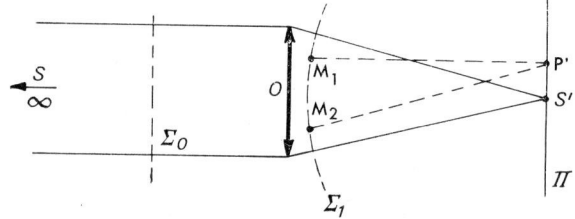

Fig. 1.16. — *Des points quelconques, M_1 et M_2 d'une même surface d'onde Σ_1 se comportent comme des sources en phase.*

de centre S' image géométrique de la source ponctuelle à l'infini. L'image S' de la source ponctuelle S n'est pas un point géométrique et a une structure déterminée par les phénomènes de diffraction.

D'après le principe d'Huygens-Fresnel, tout point M_1 de la surface d'onde

---

(*) Références 14, 107, 208.

émergente Σ_1 peut être considéré comme une source secondaire émettant des vibrations dites « vibrations diffractées ». Les différents points d'une même surface d'onde Σ_1 se comportent comme des sources cohérentes synchrones et les vibrations qu'elles émettent sont susceptibles d'interférer. Un point quelconque P' du plan π passant par l'image géométrique S' recevra des vibrations diffractées de tous les points de la surface d'onde Σ_1. Sur la figure 1.16 on a représenté deux rayons diffractés par deux points M_1 et M_2. L'intensité lumineuse en P' résulte alors des interférences des vibrations diffractées par tous les points de la surface d'onde Σ_1. En calculant l'intensité lumineuse en divers points du plan π au voisinage de S' on obtient la structure de l'image de la source ponctuelle S. Cette petite tache lumineuse qui constitue l'image de S est appelée *figure de diffraction*. Elle dépend de la forme du contour qui limite l'objectif O. Étudier la structure de cette figure de diffraction c'est étudier un phénomène de diffraction à l'infini ou phénomène de Fraunhofer.

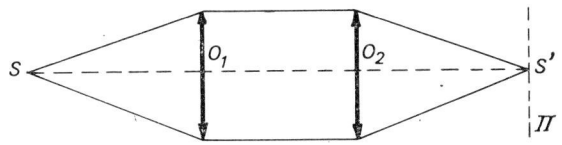

FIG. 1.17. — *L'image en S' de la source ponctuelle S est un phénomène de diffraction de* FRAUNHOFER.

On peut faire l'expérience comme l'indique la figure 1.17. La source S est au foyer d'un objectif O_1 et l'objectif O_2 est bien éclairé par un faisceau de rayons parallèles comme l'objectif O sur la figure 1.16. L'image en S' est une figure de diffraction caractéristique de la forme du contour limitant l'objectif O_2 si celui-ci est couvert par le faisceau incident.

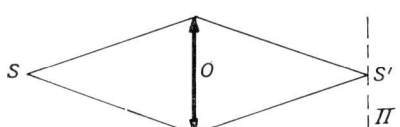

FIG. 1.18. — *L'image S' de la source ponctuelle S est aussi un phénomène de diffraction à l'infini* (FRAUNHOFER).

On peut remplacer les deux objectifs O_1 et O_2 de la figure 1.17 par un seul objectif comme le montre la figure 1.18. L'image S' de la source S est une figure de diffraction caractéristique du contour limitant l'objectif O. *D'une façon générale l'image d'une source ponctuelle donnée par un instrument d'optique est appelée figure de diffraction à l'infini ou phénomène de Fraunhofer*. A partir de la surface d'onde émergente Σ_1 (fig. 1.19) on peut calculer la structure du phénomène de diffraction image de la source ponctuelle S en appliquant le principe d'Huygens-Fresnel. Si on considère des faisceaux faiblement convergents (α petit) on montre que le principe d'Huygens-Fresnel s'identifie avec une expression mathématique appelée « *transformation de Fourier* ». On dit alors que la figure de diffraction en S' est la *transformée de Fourier* de la répartition des amplitudes et des phases sur la surface d'onde Σ_1. Réciproquement,

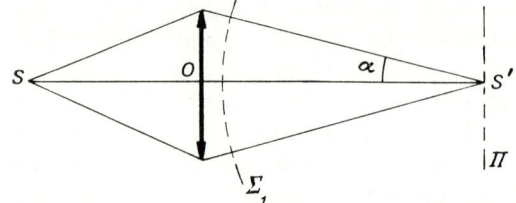

FIG. 1.19. — *Le phénomène de diffraction en S' (en amplitude) est la transformée de Fourier de la répartition des amplitudes sur Σ_1.*

on peut calculer la répartition des amplitudes et des phases sur la surface d'onde Σ_1 si on connaît la répartition des amplitudes et des phases dans la figure de diffraction en S'. On dit aussi que la répartition des amplitudes et des phases sur la surface d'onde Σ_1 est la transformée de Fourier inverse de la répartition des amplitudes et des phases dans le phénomène de diffraction.

Donnons un exemple en supposant l'objectif O circulaire. La figure de diffraction est de révolution et sa structure est donnée par la figure 1.20. On

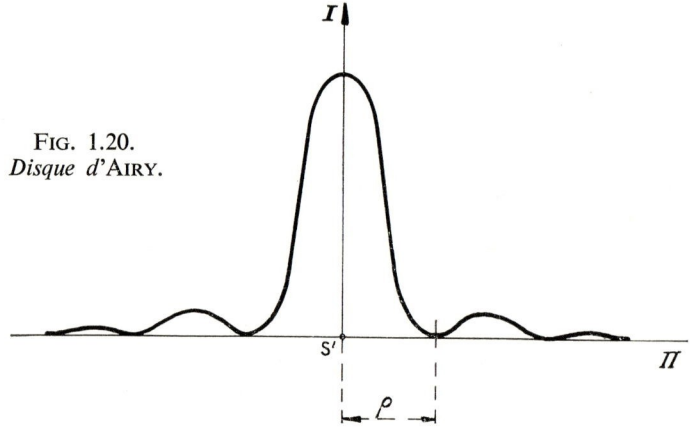

FIG. 1.20. *Disque d'*AIRY.

a une tache centrale brillante entourée d'anneaux alternativement brillants et obscurs ; l'intensité des anneaux brillants décroît au fur et à mesure que l'on s'éloigne du centre géométrique S' de la figure de diffraction. Si on néglige les anneaux dont l'intensité est très faible par rapport à la tache centrale c'est cette dernière qui joue à proprement parler le rôle d'image de la source ponctuelle. Si 2α (fig. 1.19) est l'ouverture de l'objectif O le rayon ρ de la tache centrale de diffraction est :

$$\rho = \frac{1{,}22\lambda}{2\alpha} \qquad (1.6)$$

où λ est la longueur d'onde de la lumière émise par la source S. Par exemple pour un objectif d'ouverture $2\alpha = \frac{1}{4}$ et $\lambda = 0{,}6\,\mu$ (jaune) on a $\rho = 3$ microns. Si on augmente le diamètre de l'objectif sans changer la distance OS', l'ouverture 2α augmente et le diamètre de la tache de diffraction diminue. En diminuant le diamètre de l'objectif O sans changer OS', l'ouverture 2α diminue et le diamètre de la tache de diffraction augmente.

La figure de diffraction d'un instrument d'optique parfait, telle qu'elle est représentée sur la figure 1.20 est souvent appelée « *disque d'Airy* ». Au lieu d'étudier la figure de diffraction dans le plan π passant par l'image géométrique S' (fig. 1.21) on peut l'étudier dans un plan π' très voisin de π c'est-à-dire

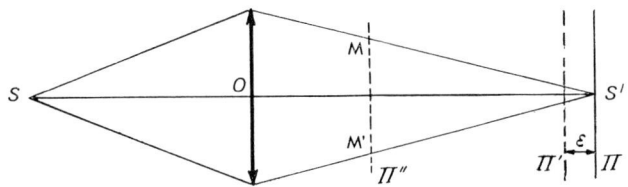

Fig. 1.21. — *Si le plan de mise au point est en π' très près de π, on est encore dans le cas de la diffraction de* Fraunhofer. *En π'', on observe la diffraction de* Fresnel.

en présence d'un défaut de mise au point. Tant que le défaut de mise au point ε est petit, les phénomènes de diffraction étudiés sont encore de la classe des phénomènes de Fraunhofer (phénomènes à l'infini), mais si on les observe dans un plan π'' éloigné de π, il n'en est plus de même. Pratiquement les phénomènes s'observent seulement vers les bords M et M' du faisceau c'est-à-dire vers la limite de l'ombre géométrique. Puisque l'on est loin de l'image S', il revient au même d'observer les phénomènes quand l'image S' est virtuelle (fig. 1.22) et même sans lentille (fig. 1.23) en remplaçant cette dernière par un écran D qui limite le faisceau. On dit qu'on étudie les phénomènes de diffraction *à distance finie* ou *phénomènes de Fresnel*. Les phénomènes de cette classe sont observés suivant le schéma de la figure 1.23 : l'écran D dont on veut étudier

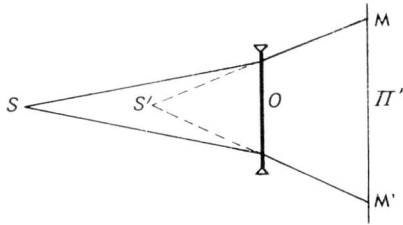

Fig. 1.22. — *En π'', on observe un phénomène de diffraction de* Fresnel.

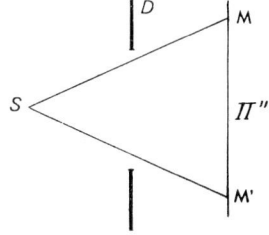

Fig. 1.23. — *Un simple écran placé entre la source ponctuelle S et le plan d'observation π'' permet d'observer un phénomène de diffraction de* Fresnel.

la diffraction à distance finie est interposé entre la source S et l'écran d'observation π''.

Comme dans le cas des phénomènes de Fraunhofer, il existe ici une expression mathématique dite *transformation de Fresnel* qui permet de calculer les amplitudes et les phases dans le plan π'' si on les connaît dans le plan de l'écran diffractant D. De même on peut calculer par une transformation inverse les amplitudes et les phases dans le plan D si on les connaît dans le plan π''.

1.7. — Diffraction par un réseau d'amplitude.

On appelle réseau-plan un écran percé d'un grand nombre de fentes fines parallèles, situées dans un même plan, égales et équidistantes. Un réseau de ce type est appelé réseau d'amplitude par transmission. La distance qui sépare deux points homologues de deux fentes consécutives est la période ou le pas du réseau. Dans le plan du réseau, on peut représenter le facteur de transmission en énergie par la courbe de la figure 1.24.

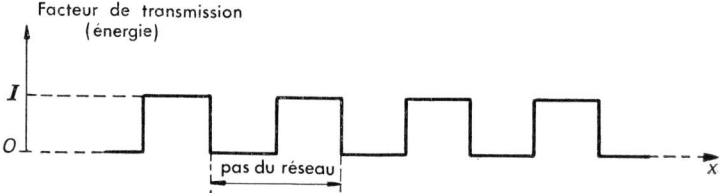

Fig. 1.24. — *Profil d'un réseau à deux dimensions.*

Considérons un réseau R éclairé par un faisceau de rayons parallèles (fig. 1.25) normal au plan du réseau. La lumière est monochromatique de longueur d'onde λ. Par suite des phénomènes de diffraction, on constate

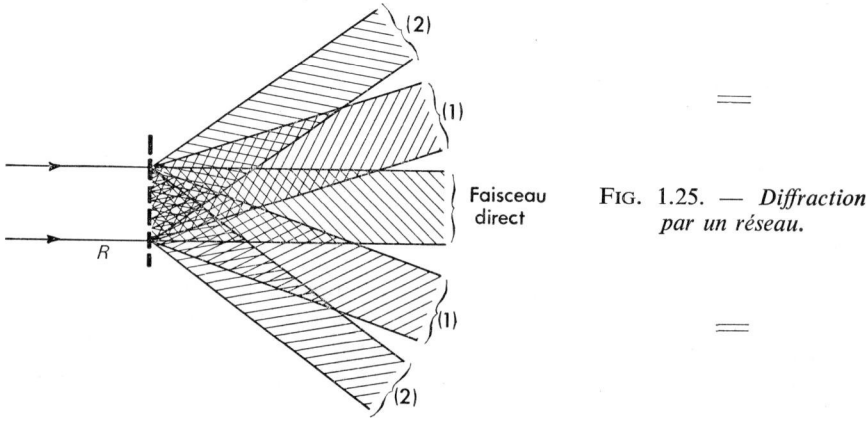

Fig. 1.25. — *Diffraction par un réseau.*

que le réseau R diffracte un grand nombre de faisceaux comme le montre la figure 1.25. On a d'abord un faisceau direct qui traverse le réseau comme si celui-ci n'existait pas. On observe ensuite deux faisceaux diffractés (1) symétriques par rapport au faisceau direct, puis deux faisceaux diffractés (2) symétriques aussi par rapport au faisceau direct mais plus écartés, etc. Chaque faisceau diffracté est un faisceau de rayons parallèles comme le faisceau incident. On peut recueillir les faisceaux diffractés dans le plan focal d'un objectif O (fig. 1.26). Ces différents faisceaux donnent des images de la source

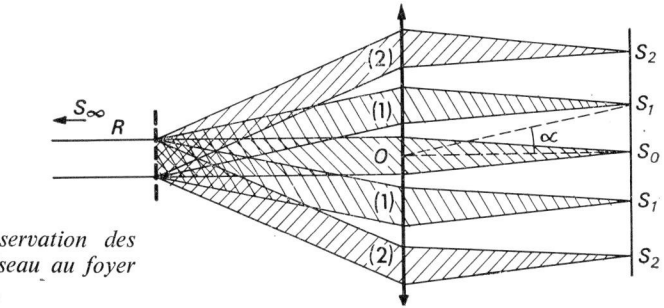

FIG. 1.26. — *Observation des spectres d'un réseau au foyer d'un objectif O.*

ponctuelle objet S : S_0 est l'image directe, les 2 images S_1 situées de part et d'autre de S_0 sont appelées spectres du 1er ordre, les deux images S_2 sont les spectres du 2e ordre, etc. L'image S_0 est la plus intense et les images S_1, S_2, etc., ont une intensité qui décroît au fur et à mesure que le numéro du spectre augmente. Dans le cas de la figure 1.26, seuls les faisceaux (1) et (2) peuvent pénétrer dans l'objectif O. Pour obtenir les positions des spectres S_1, S_2, etc., il suffit d'appliquer les lois élémentaires de l'optique géométrique : $\overline{OS_1}$ fait avec $\overline{OS_0}$ un angle égal à l'angle formé par les directions du faisceau direct et de l'un des deux faisceaux diffractés (1) avant l'objectif O.

La théorie des réseaux montre que si a est le pas du réseau, le spectre d'ordre p se trouve dans une direction définie par l'angle α telle que :

$$\alpha = p \frac{\lambda}{a} \qquad (1.7)$$

α étant supposé petit.

Avec un réseau comportant 100 fentes au millimètre on a : $a = 1/100$ mm et pour le spectre du 1er ordre $\alpha \simeq 3^o$ si $\lambda = 0,6\ \mu$.

1.8. — Diffraction par un réseau de phase.

Considérons un réseau formé par une lame de verre à faces parallèles sur laquelle on a déposé une série de petites bandes rectangulaires transparentes parallèles les unes aux autres et séparées par des intervalles d'air (fig. 1.27). Les bandes qui peuvent être en très grand nombre ont un indice n et une épaisseur e. Leur longueur est très grande par rapport à leur largeur. Remplaçons sur la figure 1.25 le réseau de la figure 1.27 appelé « réseau de phase ». On

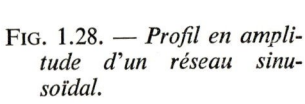
FIG. 1.27. — *Réseau de phase.*

observe les mêmes phénomènes que précédemment. En recueillant les faisceaux diffractés par un objectif comme sur la figure 1.26, on observe une image directe S_0 et toute une série de spectres S_1, S_2, etc., dont les positions sont encore données par la formule (1.6). Mais l'intensité de l'image directe S_0 et des spectres S_1, S_2, etc., dépend de l'épaisseur optique des bandes transparentes. Les intensités des spectres sont d'autant plus petites par rapport à l'intensité de l'image directe S_0 que l'épaisseur optique ne des bandes transparentes est plus faible. Évidemment, à la limite lorsque $e = 0$, il n'y a plus que le faisceau direct.

1.9. — Diffraction par un réseau sinusoïdal.

Imaginons maintenant un réseau dont la transparence en *amplitude* suit une loi du type $cos^2 x$ (fig. 1.28). Nous appellerons ce réseau un réseau sinu-

FIG. 1.28. — *Profil en amplitude d'un réseau sinusoïdal.*

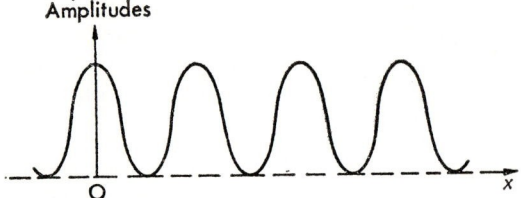

soïdal. L'expérience montre qu'un tel réseau éclairé en faisceau parallèle donne une image directe S_0 accompagnée seulement de deux spectres (fig. 1.29). Ce résultat est facile à retrouver en calculant la transformée de Fourier de la

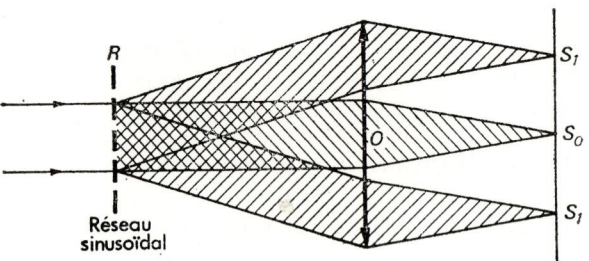

FIG. 1.29. — *Un réseau sinusoïdal en amplitude ne donne que l'image centrale et deux spectres.*

fonction $cos^2 x$ représentant la répartition des amplitudes. C'est le phénomène de diffraction à l'infini du réseau sinusoïdal. Il est important de noter que si la transparence en amplitude ne suit pas une loi en $cos^2 x$, d'autres spectres apparaissent aussitôt. L'intensité de ces spectres peut être étudiée en faisant l'analyse harmonique du profil du réseau.

Il est possible de remplacer la variation d'amplitude en $cos^2 x$ par une variation de phase en $cos^2 x$. Comme avec le réseau sinusoïdal en amplitude, on observe encore l'image directe et deux spectres à condition que les variations de phase soient petites.

1.10. — Photographie d'un réseau d'amplitude sinusoïdal.

Considérons un réseau dont le facteur de transmission (en énergie) suit la loi en $cos^2 x$ de la figure 1.28. Nous voulons photographier ce réseau et obtenir un négatif dont la transparence en *amplitude* suive une loi de $cos^2 x$ pour réaliser l'expérience de la figure 1.29. Rappelons d'abord brièvement quelques définitions relatives aux émulsions photographiques Soit E l'éclairement reçu par la plaque photographique. Après développement, éclairons le négatif obtenu. Soit I_0 l'intensité incidente et I l'intensité transmise par le négatif. On appelle facteur de transmission du négatif le rapport :

$$T = \frac{I}{I_0} \qquad (1.8)$$

Il est toujours inférieur à l'unité. Le logarithme de $\frac{1}{T}$ est la densité D du négatif :

$$D = \log \frac{1}{T} \qquad (1.9)$$

en appelant t le coefficient de transmission en *amplitude*, on a :

$$T = t^2 \qquad D = \log \frac{1}{t^2} \qquad (1.10)$$

Si E est l'éclairement de la plaque, τ le temps de pose, la plaque reçoit l'énergie $W = E\tau$.

On appelle courbe de noircissement ou courbe caractéristique de l'émulsion la courbe donnant les variations de la densité D (sur le négatif) en fonction du logarithme de l'énergie W reçue par la plaque (fig 1.30). Cette courbe possède une partie rectiligne BC dite d'exposition normale et deux régions, l'une AB correspondant à la sous-exposition, l'autre CF correspondant à la surexposition. Soit γ la pente de la partie rectiligne, on a, dans cette région :

$$D = \gamma \log \frac{W}{W_0} \qquad (1.11)$$

où W_0 est une constante. Dans le problème actuel, ce qui nous intéresse, c'est la relation qui existe entre l'*amplitude* transmise (par le négatif) et l'énergie W reçue par la plaque. La courbe représentative de la fonction $t = f(W)$ est donnée sur la figure 1.31. Elle possède aussi une partie rectiligne BC qui joue un rôle

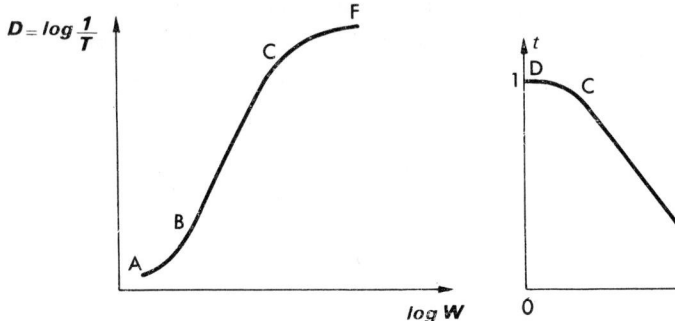

Fig. 1.30. — *Courbe caractéristique d'une émulsion photographique.*

Fig. 1.31. — *Courbe reliant l'amplitude transmise par un négatif en fonction de l'éclairement reçu par la plaque photographique vierge.*

très important. On peut noter que la partie rectiligne de la courbe $t = f(W)$ correspond à la région de sous-exposition AB de la figure 1.30. Dans le cas où l'on fait une seule pose, il n'est pas nécessaire de tenir compte du temps de pose et on peut étudier les phénomènes à l'aide de la courbe $t = f(E)$ reliant t à E. Éclairons la plaque par contact avec un réseau sinusoïdal dont le facteur de transmission (énergie) suit une loi en $\cos^2 x$. La plaque reçoit un éclairement qui suit la même loi et l'amplitude t transmise par la plaque après dévelop-

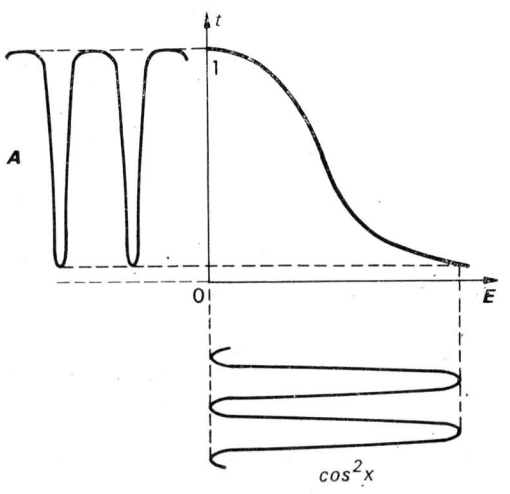

Fig. 1.32. — *Si les variations de l'éclairement sont trop grandes, l'amplitude transmise ne suit pas la même loi.*

pement (le négatif) est donnée par la figure 1.32. L'éclairement incident en $cos^2 x$ est représenté schématiquement par la courbe située en dessous de l'axe des abscisses OW. La courbe (A) donne l'amplitude t transmise par le négatif. On voit que la reproduction ne donne pas en amplitude une loi du type $cos^2 x$. Il ne sera pas possible d'obtenir seulement l'image directe et deux spectres comme sur la figure 1.29 car toute déformation par rapport au profil en $cos^2 x$ introduit des spectres supplémentaires. On peut néanmoins parvenir au résultat désiré, à savoir obtenir l'image directe et seulement deux spectres, en opérant de façon un peu différente. Prenons un réseau dont le facteur de transmission (en énergie) soit du type $a + b \, cos^2 x$ où a et b sont deux constantes. La plaque reçoit un *éclairement* $a + b \, cos^2 x$ et on veut que *l'amplitude transmise* par le négatif soit de la même forme. Supposons que l'amplitude maximale $a + b$ et l'amplitude minimale a se trouvent dans la partie rectiligne CB de la courbe $t = f(E)$ (fig. 1.31). Dans ces conditions, l'amplitude transmise par le négatif sera de la forme $a' + b' \, cos^2 x$ où a' et b' sont deux constantes (fig. 1.33).

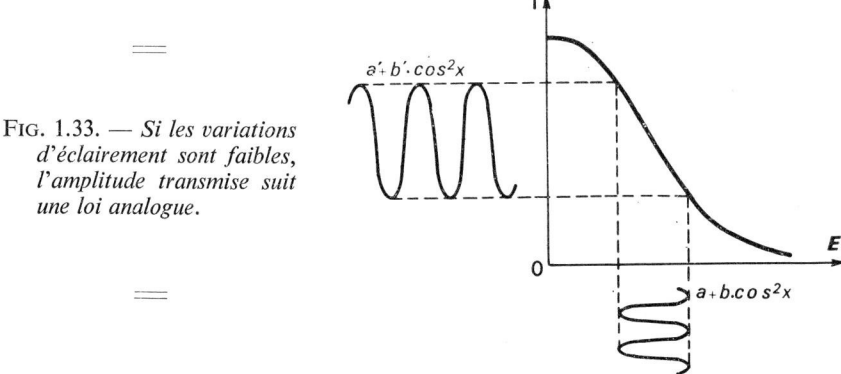

FIG. 1.33. — *Si les variations d'éclairement sont faibles, l'amplitude transmise suit une loi analogue.*

Par rapport à la courbe de la figure 1.28, le réseau est simplement moins contrasté puisqu'il n'y a plus de minimums nuls. Si on éclaire ce nouveau réseau par un faisceau de rayons parallèles, on trouve bien une image directe et seulement deux spectres. Ces résultats se retrouvent facilement en calculant la transformée de Fourier de la répartition d'amplitude $a' + b' \, cos^2 x$.

1.11. — Photographies « blanchies ».

Immergeons le négatif sur lequel se trouve l'image d'un réseau sinusoïdal dans une solution convenable. L'argent métallique est dissous et l'épaisseur de l'émulsion diminue aux endroits où il y a de l'argent métallique. Elle diminue d'autant plus que l'argent métallique est plus épais, c'est-à-dire que le négatif est plus dense. On a réalisé un véritable réseau de phase. Les creux de l'émulsion conservent par leur disposition et leur profondeur le profil en $a + b\,cos^2 x$. La photographie est dite « blanchie ». Éclairée par un faisceau de rayons parallèles, on retrouve une image directe et deux spectres si les variations de phase sont faibles.

1.12. — Diffraction par un réseau circulaire. Photographie du réseau circulaire.

Considérons un réseau circulaire obtenu de la façon suivante : on trace sur une feuille de papier blanc une série de circonférences dont les rayons varient comme les racines carrées des nombres entiers successifs. On noircit de deux en deux les intervalles compris entre ces circonférences, puis on photographie la figure obtenue (réseau zoné).

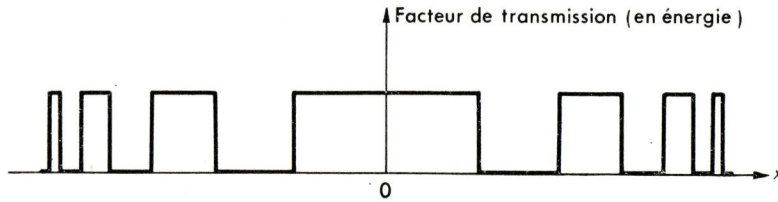

Fig. 1.34. — *Profil d'un réseau circulaire* (Soret).

Le profil du facteur de transmission en énergie de ce réseau est indiqué sur la figure 1.34. Éclairons un tel réseau circulaire R en lumière monochromatique par un faisceau de rayons parallèles (fig. 1.35). Les phénomènes sont

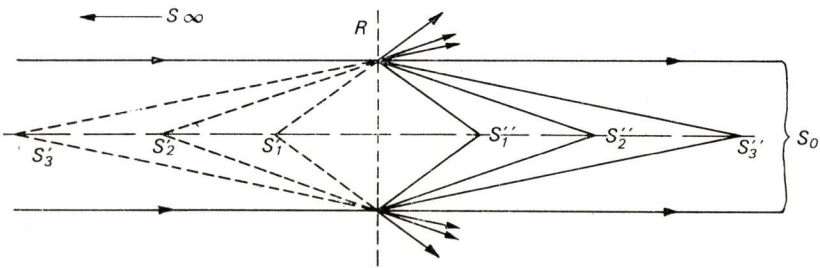

Fig. 1.35. — *Spectres d'un réseau de* Soret.

les suivants : on constate l'existence d'un faisceau direct S_0 qui traverse R comme si le réseau n'existait pas et qui est accompagné d'une série d'images virtuelles S'_1, S'_2, S'_3, etc., de la source ponctuelle objet S à l'infini ainsi que d'une série d'images réelles S''_1, S''_2, etc. Toutes ces images sont situées sur l'axe du réseau comme la source S elle-même. On a réalisé une véritable lentille à foyers multiples. Les images S'_1 et S''_1, S'_2 et S''_2... jouent le rôle des spectres de la figure 1.26. Ces images ou ces spectres interviennent en holographie et ainsi que nous le verrons plus loin, il y a avantage à réduire leur nombre au minimum, c'est-à-dire à deux.

Considérons maintenant un réseau semblable mais dans lequel le passage d'un maximum à un minimum nul se fait par un dégradé (fig. 1.36). Une telle

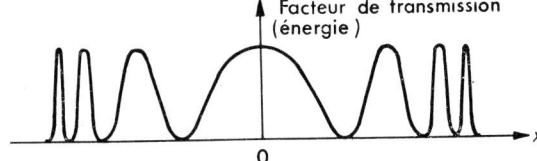

FIG. 1.36. — *Profil d'un réseau circulaire « sinusoïdal » en $cos^2 x^2$.*

loi de variation du facteur de transmission peut se représenter par une expression de la forme $cos^2 x^2$. Le réseau de la figure 1.36 (réseau zoné sinusoïdal) joue par rapport au réseau de la figure 1.34 un rôle analogue à celui de la figure 1.28 par rapport à celui de la figure 1.24. Imaginons que l'on puisse reproduire par photographie le réseau de la figure 1.36 de manière que l'amplitude transmise par le négatif suive la loi en $cos^2 x^2$. Éclairons la photographie par un faisceau de rayons parallèles. Au lieu d'observer toute une série d'images sur l'axe on en observe seulement deux : une virtuelle s', une réelle S''', plus

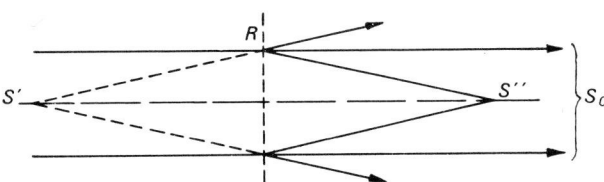

FIG. 1.37. — *Un réseau circulaire « sinusoïdal » dont le profil en amplitude est du type $cos^2 x^2$ ne donne qu'un faisceau direct et deux spectres.*

le faisceau direct s_0 (fig. 1.37). En fait, d'après ce que nous avons dit précédemment le négatif ne pourra pas donner par transmission une amplitude en $cos^2 x^2$. En plus des deux images S' et S''' on aura d'autres images situées sur l'axe et dont les intensités et les positions vont dépendre du profil du réseau photographique.

Pour obtenir seulement les deux images S' et S''' de la figure 1.37, on peut opérer comme il a été dit précédemment (§ *1.10*). Réalisons un réseau ayant le même profil que celui de la figure 1.36 mais *moins contrasté* (fig. 1.38). Cette fois, les minimums M et les maximums N peuvent se trouver dans la partie rectiligne de la courbe $t = f(E)$ de l'émulsion photographique et la reproduction en amplitude sera fidèle. Le réseau de la figure 1.38 reproduit

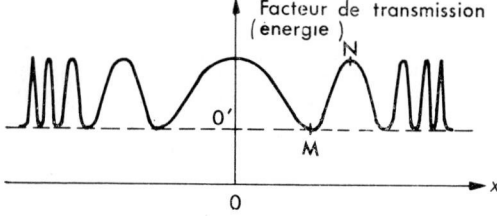

Fig. 1.38. — *Profil d'un réseau circulaire « sinusoïdal » du type $a + b \cos^2 x^2$.*

photographiquement et éclairé en faisceau parallèle donnera un faisceau direct S_0 et deux images S' et S''.

On peut « blanchir » la photographie et remplacer le réseau d'amplitude précédent par un réseau de phase.

1.13. — Filtrages des fréquences spatiales (*).

Considérons comme objet un réseau d'amplitude R (fig. 1.39) analogue à celui qui a été décrit au § *1.7* (fentes transparentes séparées par des intervalles opaques). Le réseau est éclairé en lumière monochromatique par un faisceau de rayons parallèles, normal au plan du réseau (éclairage cohérent). La distance entre le réseau R et l'objectif O est suffisante pour que celui-ci donne une

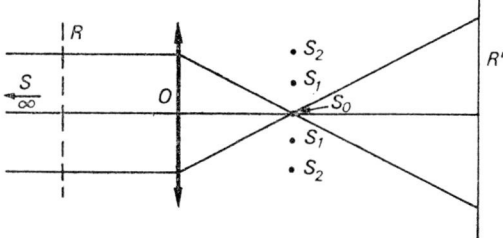

Fig. 1.39. — *Schéma du montage pour une expérience de filtrage optique.*

image du réseau R en R'. Pour simplifier la figure 1.39 nous n'avons pas représenté les faisceaux diffractés, mais seulement le faisceau direct qui forme en S_0 l'image directe de la source ponctuelle S à l'infini. Comme nous l'avons expliqué au § *1.7*, dans le plan focal de l'objectif O on observe l'image directe S_0 et les spectres S_1, S_2, S_3, etc., théoriquement une infinité de spectres si le profil du réseau est celui de la figure 1.24 et si l'ouverture de l'objectif O était infinie.

Pour trouver l'image R' on peut dire que celle-ci est formée par les inter-

---

(*) Références 14, 107, 208.

férences des vibrations envoyées par S_0 et tous les spectres agissant comme des sources qui éclairent le plan R'. Plaçons dans le plan focal de l'objectif O un écran percé d'un trou qui ne laisse passer que l'image directe S_0 (expérience d'Abbe). On constate que l'image R' est uniforme : il n'y a plus d'image du réseau. Agrandissons le trou de l'écran de façon à laisser passer S_0 et les 2 spectres S_1 situés de part et d'autre de S_0. On se trouve dans le cas décrit au § *1.9* et on observe, en effet, une image qui est celle d'un réseau sinusoïdal du type de la figure 1.28. Si on continue à agrandir le trou de l'écran, plus on admet de spectres et plus l'image ressemble à l'objet. A la limite, en admettant que l'objectif O recueille une infinité de spectres, la structure de l'image serait identique à celle de l'objet représenté par la courbe de la figure 1.24. Utilisons un écran qui coupe les 2 spectres S_1 et ne laisse passer que S_0 et les 2 spectres S_2. On se retrouve encore dans le cas décrit au § *1.9* mais les spectres sont plus écartés. D'après la formule (1.7) cela veut dire que le pas du réseau sinusoïdal image est plus serré. Si on ne laisse passer que S_0 et les 2 spectres S_3, le réseau sinusoïdal image est encore plus serré.

Tout se passe comme si le réseau objet R (dont le profil est donné par la figure 1.24) était formé par la superposition d'une infinité de réseaux sinusoïdaux de différents pas. On appelle « *fréquence spatiale* » l'inverse du pas du réseau. Si le pas est petit, la fréquence spatiale est élevée ; si le pas est large, la fréquence spatiale est basse. L'expérience précédente montre que pour bien reproduire un objet, l'objectif doit laisser passer le plus possible de spectres correspondant à des fréquences élevées.

On peut remplacer le réseau R par un objet quelconque non périodique. Il n'y a plus de spectres mais de la lumière diffractée qui s'étale sur le plan focal de l'objectif O. Les détails larges correspondant à des basses fréquences donnent de la lumière diffractée qui s'écarte peu de S_0. Les détails fins correspondant à des fréquences élevées donnent de la lumière diffractée qui s'étale loin de S_0. Si on place dans le plan focal de l'objectif O un trou étroit, il ne laisse passer que la lumière diffractée correspondant aux détails larges c'est-à-dire de basse fréquence. Si, au contraire, on masque la région centrale du plan focal, la lumière diffractée correspondant aux détails larges est arrêtée et c'est la lumière diffractée correspondant aux détails fins de fréquence élevée qui passe. A l'aide de l'écran placé dans le plan focal de l'objectif O, on effectue ainsi un filtrage des fréquences spatiales de l'objet.

1.14. — *Photographie d'un phénomène d'ondes stationnaires* (*).

Envoyons sous l'incidence normale, un faisceau de rayons parallèles monochromatiques sur un miroir-plan M (fig. 1.40). Les rayons réfléchis peuvent

---

(*) Référence 182.

interférer avec les rayons incidents. Par exemple le rayon $IA_1O_1A_1$, qui s'est réfléchi en O_1, interfère en A_1 avec le rayon incident IA_1. La différence de marche est $\delta = 2\,\overline{O_1A_1}$. Si δ est un multiple entier de la longueur d'onde λ on aura un maximum de lumière en A_1. De même en A_2, A_3, etc. Tous ces maximums seront situés sur un plan parallèle au plan du miroir M. Un plan de ce type correspondant à un maximum de lumière est appelé « *plan ventral* ». Si au contraire δ est un multiple impair de la longueur d'onde on aura un minimum de lumière et le plan parallèle à M et contenant tous ces points sera un « *plan nodal* ». La distance qui sépare 2 plans ventraux (ou 2 plans nodaux) consécutifs est égale à $\lambda/2$ et la distance entre un plan nodal et le plan ventral situé immédiatement après est égale à $\lambda/4$. Recouvrons le miroir M d'une émulsion photographique de chlorure d'argent assez épaisse mais à grains extrêmement fins. Éclairons la plaque photographique normalement par un faisceau de lumière monochromatique de longueur d'onde λ puis développons.

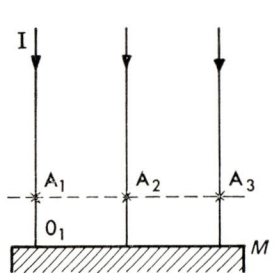

Fig. 1.40. — *Ondes stationnaires produites par interférence de l'onde incidente et de l'onde réfléchie.*

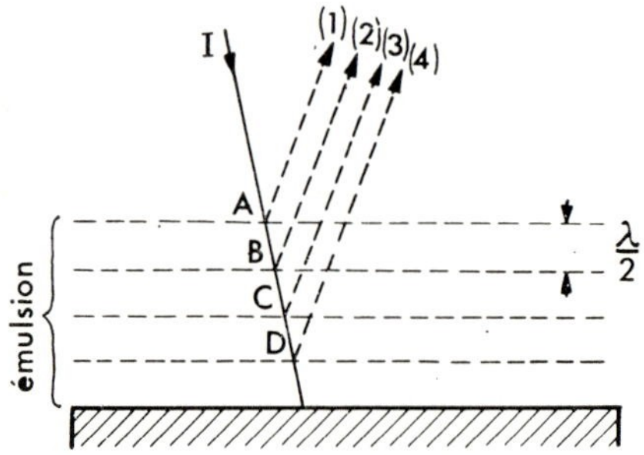

Fig. 1.41. — *L'argent réduit forme des lamelles semi-réfléchissantes distantes de $\lambda/2$.*

Sur tous les plans ventraux où l'intensité est maximale l'argent est réduit et on obtient ainsi une série de lamelles semi-réfléchissantes d'argent réduit équidistantes de $\lambda/2$. Éclairons la plaque photographique ainsi obtenue en lumière blanche. Pour la radiation λ présente dans la lumière incidente, la lumière réfléchie par toutes les lamelles est en concordance de phase (fig. 1.41). En effet, la différence de marche entre le rayon (1) réfléchi en A et le rayon (2) réfléchi en B est 2 fois $AB = \lambda/2$ soit une longueur d'onde λ. De même pour les autres lamelles. Donc il y a maximum de lumière réfléchie pour la longueur d'onde λ mais seulement pour cette longueur d'onde. Pour une autre longueur d'onde λ', $\overline{AB}$ est différent de $\lambda'/2$ et on a ainsi un grand nombre de vibrations réfléchies dont les différences de marche prennent un grand nombre de valeurs différentes. Finalement ces vibrations se détruisent et la plaque, éclairée en lumière blanche ne réfléchit pratiquement qu'une lumière monochromatique de longueur d'onde λ lumière avec laquelle elle a été primitivement impressionnée. L'application de ce procédé à la photographie des couleurs a été réalisée par Lippman. Si on forme l'image d'un paysage sur une plaque photographique du type précédent après développement on obtient, en chaque point de la plaque, un système de lamelles semi-réfléchissantes caractéristique des radiations reçues en ce point. En regardant la plaque par réflexion sous incidence normale et en lumière blanche, la lumière réfléchie par chaque point de la plaque reproduit la couleur qui l'a impressionnée. Ce phénomène est à la base de l'holographie en couleurs.

CHAPITRE 2

PRINCIPE ET APPLICATIONS DE L'HOLOGRAPHIE

2.1. — *Historique* (*).

C'est en 1948 que D. Gabor a décrit une méthode nouvelle « *l'holographie* » permettant d'obtenir l'image d'un objet à partir d'une figure de diffraction produite par l'objet. Les opérations se font en deux temps :

a) on photographie une figure de diffraction de Fresnel produite par l'objet en ajoutant à la figure de diffraction un *fond cohérent*. C'est le hologramme. Le hologramme ne ressemble pas à l'objet, mais il contient toutes les informations nécessaires, amplitude et phase pour reconstituer l'objet ;

b) on éclaire le hologramme par un faisceau de lumière parallèle et monochromatique. Par suite des variations de densité de la plaque qui a enregistré le hologramme, il y a diffraction. *Ce phénomène de diffraction permet d'obtenir des images de l'objet.*

Dans le procédé mis en œuvre par D. Gabor, les images données par le hologramme se recouvraient. Par ailleurs, l'obtention d'un fond cohérent était une opération difficile en 1948 car les sources lumineuses connues à l'époque n'étaient pas très monochromatiques. En effet, en holographie la même source sert à éclairer l'objet et à produire le fond cohérent. Si l'objet est assez grand, la longueur de cohérence de la lumière utilisée doit être elle aussi suffisamment grande. Quand D. Gabor a fait ses premières expériences, les sources lumineuses ne répondaient pas à cette condition. Ce sont les physiciens de l'Université de Michigan et en particulier F. N. Leith et J. Upatnieks qui ont apporté en 1962 les perfectionnements définitifs à la méthode de D. Gabor. Les problèmes ont été résolus grâce aux deux points suivants :

a) en arrivant sur la plaque photographique le faisceau de lumière formant le fond cohérent *fait un angle assez important* avec le faisceau diffracté par l'objet. Ceci permet de ne plus avoir des images qui se recouvrent au moment de l'observation :

b) l'intensité et la longueur de cohérence des lasers rend facile la réalisation des montages.

(*) Références 86 à 91.

2.2. — Reconstitution de l'image d'un point lumineux.

Le problème que nous nous posons est le suivant : une source ponctuelle de lumière monochromatique éclaire une plaque photographique et nous voulons, après développement, nous servir du négatif pour obtenir une image de la source.

Considérons d'abord l'expérience simple suivante (fig. 2.1) : une plaque photographique P reçoit deux faisceaux de rayons parallèles de lumière monochromatique, l'un correspond à une onde plane Σ, l'autre à une autre onde plane Σ_R. L'onde Σ_R est *cohérente* avec Σ et on l'appellera onde de référence.

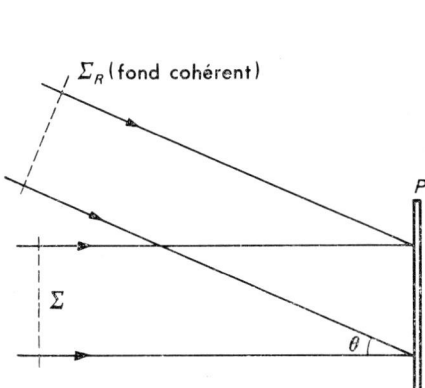
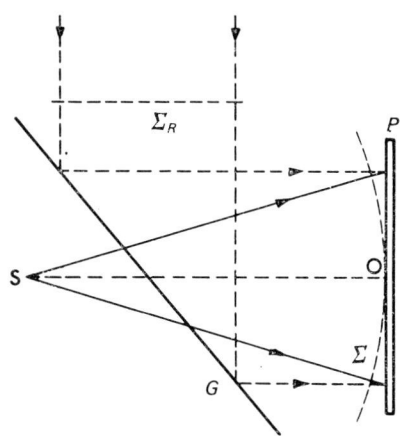

Fig. 2.1. — *Photographie d'un réseau sinusoïdal obtenu par interférences des 2 ondes planes Σ et Σ_R.*

Fig. 2.2. — *Photographie d'un réseau circulaire « sinusoïdal » obtenu par photographie des interférences des 2 ondes Σ (sphérique) et Σ_R (plane).*

Dans le plan de la plaque photographique P les deux ondes Σ et Σ_R interfèrent et on a une série de franges d'interférences rectilignes parallèles et équidistantes, dirigées perpendiculairement au plan du dièdre d'angle θ, formé par les deux ondes Σ et Σ_R. Nous avons sur la plaque P un réseau sinusoïdal produisant une variation d'éclairement du type $cos^2 x$. Photographions ce phénomène et développons. On obtient sur le négatif les résultats indiqués au § *1.10*. Si on éclaire le négatif par un faisceau de rayons parallèles normal à la plaque et monochromatique, un certain nombre de spectres sont visibles car la transmission en amplitude du négatif ne peut être de la forme $cos^2 x$. Si nous voulons seulement deux faisceaux diffractés, il suffit d'appliquer le procédé du § *1.10*. Donnons à l'onde de référence Σ_R une amplitude plus grande que celle de l'onde Σ. La théorie élémentaire des interférences montre que rien n'est changé quant à la position des franges d'interférences qui se forment sur P, seul le *contraste des franges* est diminué. On se retrouve dans le cas de la figure 1.33 et la transmission en amplitude du négatif sera de la forme $a' + b' \, cos^2 x$.

Le négatif donne seulement deux spectres en plus du faisceau direct. Appliquons le même procédé lorsque l'onde Σ est une onde sphérique (fig. 2.2). L'onde Σ est émise par une source ponctuelle monochromatique s placée à une distance finie de la plaque P. L'onde plane de référence Σ_R, qui produit le fond cohérent, est réfléchie par une lame semi-réfléchissante G. Les ondes Σ et Σ_R interfèrent dans les régions où elles se superposent et, en particulier, dans le plan de la plaque P. Quel est le phénomène d'interférence produit dans ce cas? Si SO est normal à P, le phénomène est de révolution autour de SO et la structure des franges est celle de la figure 1.36 à condition que l'amplitude des deux ondes soit la même en P.

Après développement de la plaque photographique, si on éclaire le négatif par un faisceau de rayons parallèles monochromatiques, on a un certain nombre d'images alignées car le négatif ne peut reproduire en amplitude une loi de la forme $cos^2 x^2$. Le nombre et l'intensité de ces images dépendent du profil en amplitude du négatif. Pour obtenir la disposition de la figure 1.37, c'est-à-dire seulement 2 spectres, l'amplitude de l'onde de référence Σ_R *(fond cohérent)* doit être plus grande que celle de l'onde Σ. Prenons une photographie dans ces conditions, développons, puis éclairons le négatif par un faisceau de rayons parallèles, normal à la plaque, la lumière utilisée ayant toujours la même longueur d'onde. On retrouve l'aspect de la figure 1.37, c'est-à-dire un faisceau directement transmis plus un spectre réel et l'autre virtuel (fig. 2.3).

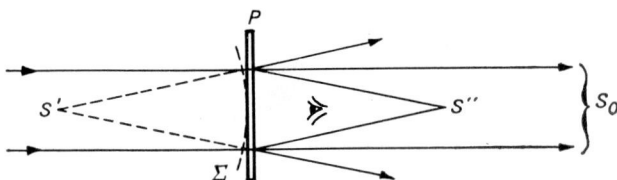

Fig. 2.3. — *Reconstitution des 2 images S' et S'' de la source à l'aide de la photographie du réseau circulaire.*

Si l'œil est placé derrière le négatif P il verra parfaitement l'image virtuelle S' de la source objet S qui a éclairé primitivement la plaque photographique et au même endroit. On a *reconstitué l'onde sphérique* Σ et par conséquent une image virtuelle de la *source ponctuelle.*

L'enregistrement de l'amplitude et de la phase de l'onde Σ sur la plaque P, la phase étant enregistrée grâce au fond cohérent, permet de reconstituer l'onde Σ. Comme cette onde était sphérique, on reconstitue l'objet qui lui a donné naissance, c'est-à-dire un objet ponctuel. Le négatif obtenu dans les conditions précédentes est appelé un « *hologramme* ».

Notons que les faisceaux correspondant à S', S'' et S_0 se recouvrent, ce qui peut gêner l'observation de l'image S'. Pour éviter cet inconvénient, on combine l'effet de séparation angulaire, obtenu avec un réseau sinusoïdal (fig. 1.29) avec le montage de la figure 2.2. Il suffit d'*incliner* le faisceau cohérent

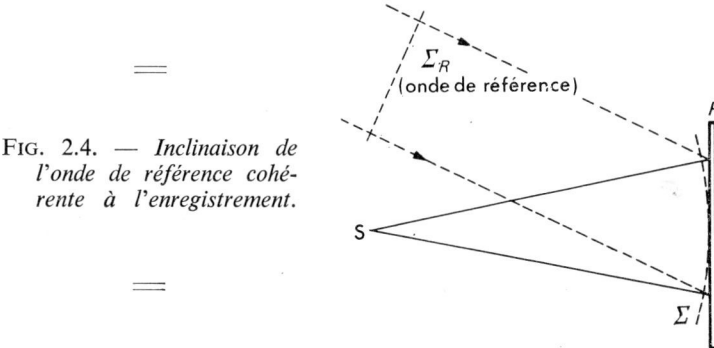

Fig. 2.4. — *Inclinaison de l'onde de référence cohérente à l'enregistrement.*

(fig. 2.4). Comme précédemment, on prend la photographie en donnant au fond cohérent une amplitude plus grande qu'à l'onde Σ dans le plan de la plaque P. Après développement, on éclaire la plaque par un faisceau de rayons parallèles dont l'inclinaison est la même que lors de la prise de la photographie. On obtient la figure 2.5. C'est la figure 2.3 sur laquelle on aurait fait pivoter les deux faisceaux diffractés par un effet de réseau analogue à celui de la figure 1.29. On a une image virtuelle S' et une image réelle S''. L'image virtuelle S' occupe par rapport à l'hologramme P la même position que la source S par rapport à la plaque photographique vierge. Grâce à la séparation des directions des faisceaux, l'œil peut observer commodément l'image virtuelle S' sans être gêné par les autres faisceaux.

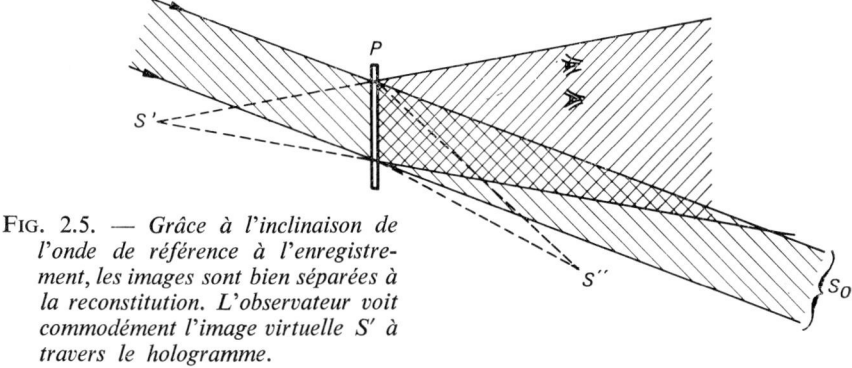

Fig. 2.5. — *Grâce à l'inclinaison de l'onde de référence à l'enregistrement, les images sont bien séparées à la reconstitution. L'observateur voit commodément l'image virtuelle S' à travers l'hologramme.*

2.3. — Reconstitution d'une image en trois dimensions d'un objet quelconque. Hologramme de Fresnel (*).

Considérons un objet diffusant quelconque A (fig. 2.6). Il est éclairé par une source ponctuelle L dont la cohérence temporelle est suffisante pour que

(*) Références 65, 107, 162 à 171, 282, 300.

Holographie.

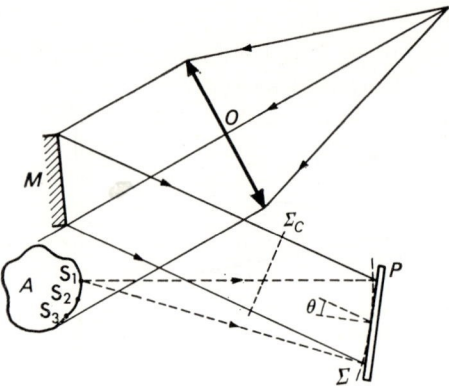

Fig. 2.6. — *Enregistrement du hologramme d'un objet diffusant quelconque.*

les vibrations diffractées ou diffusées par tous les points de l'objet A soient cohérentes. La source L (laser) est au foyer d'un objectif O ; une moitié du faisceau émergeant sert à éclairer l'objet A et l'autre moitié, après réflexion sur un miroir plan auxiliaire M, envoie l'onde plane cohérente Σ_R (onde de référence) sur la plaque photographique P. Un point quelconque S_1 de l'objet A éclairé par L diffuse de la lumière sur la plaque photographique P qui reçoit ainsi du point S_1 une onde sphérique Σ. Elle interfère avec l'onde cohérente Σ_R et nous sommes dans les mêmes conditions que précédemment si l'amplitude produite par Σ_R est plus grande que l'amplitude diffractée (ce qui est plus facile à réaliser que l'inverse). Nous pouvons faire le même raisonnement pour tous les points S_1, S_2, S_3, etc., de l'objet A qui envoient de la lumière sur P.

Éclairons le hologramme ainsi obtenu par un faisceau parallèle dont l'inclinaison est la même que lors de la prise de la photographie (fig. 2.7). Les résultats du §*2.2* s'appliquent. Les images virtuelles S'_1, S'_2, etc., *reconstituent en position* les points S_1, S_2, etc. Il en est donc de même de l'image A' qui est identique à l'objet et située au même endroit. *On reconstitue* une image en

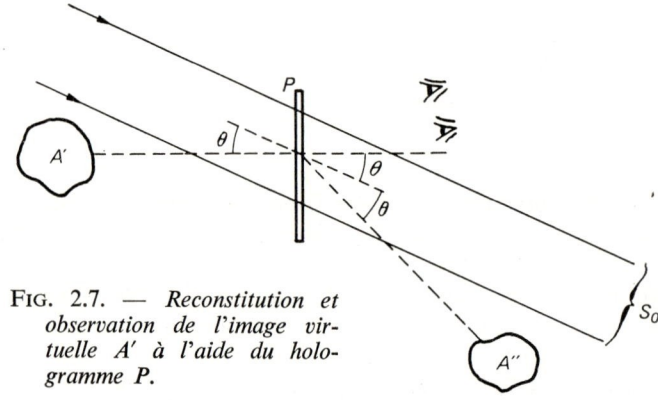

Fig. 2.7. — *Reconstitution et observation de l'image virtuelle A' à l'aide du hologramme P.*

trois dimensions. L'image virtuelle A' est accompagnée d'une image réelle A'' qui peut être photographiée directement. Nous verrons plus loin (§ *2.12*) que si l'épaisseur de l'émulsion n'est pas négligeable, l'hologramme doit être éclairé de façon différente suivant qu'il s'agit d'observer l'image virtuelle ou l'image réelle. Soit θ l'angle d'inclinaison moyenne (θ est supposé faible), lors de la prise de la photographie, entre le faisceau cohérent et la lumière issue de A (fig. 2.6). A la restitution, les directions moyennes des deux images A' et A'' (fig. 2.7) sont inclinées de l'angle θ sur la direction du faisceau d'éclairage.

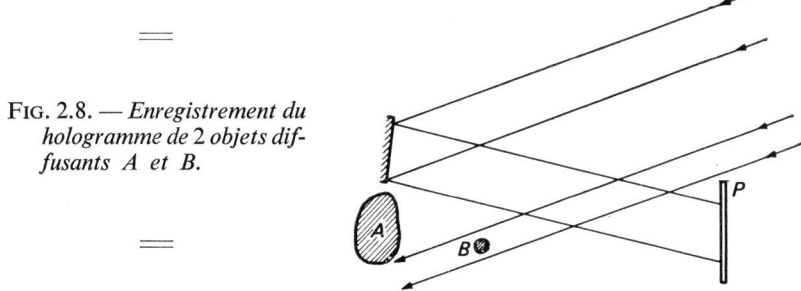

FIG. 2.8. — *Enregistrement du hologramme de 2 objets diffusants A et B.*

En observant l'image A' avec les deux yeux, on a l'impression de voir l'objet lui-même. On a donc une parfaite sensation du relief. Imaginons que l'on prenne un hologramme de deux objets diffusants A et B, B étant placé entre la plaque et l'objet A (fig. 2.8). A la restitution (fig. 2.9) si on accommode sur B', l'image A' n'est pas au point et inversement. En déplaçant les yeux, on peut voir un point S' de A' qui, dans une autre position des yeux, pourrait être masqué par B'.

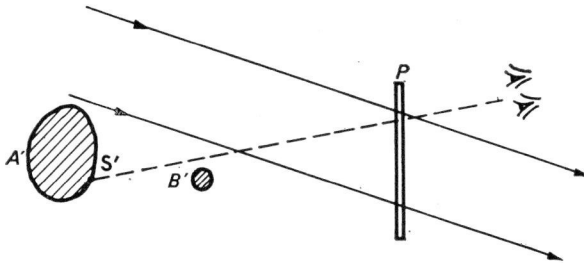

FIG. 2.9. — *A la reconstitution, on peut observer des points S' de A' qui seraient cachés par B dans une autre position des yeux.*

Toutes ces opérations sont évidemment impossibles avec une photographie ordinaire. En résumé, pour reconstituer l'image d'un objet diffusant quelconque, il faut procéder aux opérations suivantes :

a) on prend une photographie en lumière monochromatique, la plaque étant éclairée simultanément par l'objet diffusant et par un fond cohérent (onde de référence) d'amplitude convenable ;

b) on développe la plaque qui est par définition un *hologramme* de Fresnel ;

c) on éclaire l'hologramme dans les mêmes conditions que lors de l'enregistrement. L'hologramme reconstitue deux images de l'objet, l'une virtuelle, l'autre réelle. A travers l'hologramme l'œil peut observer commodément l'image virtuelle.

On comprend maintenant pourquoi nous avons étudié plus particulièrement le cas de réseaux donnant le moins de spectres possible. Chaque spectre est à l'origine d'une image de l'objet et il est évident que moins il y aura d'images et moins le risque de recouvrement sera grand.

Il faut donc se trouver dans les conditions de la figure 1.33 sinon le hologramme ne reproduit pas fidèlement les franges dues aux interférences des ondes diffractées par les différents points de l'objet avec le fond cohérent. D'autres images de l'objet vont apparaître et gêner l'observation. Le fond cohérent doit donc avoir en P une amplitude plus grande que celle de la lumière diffusée

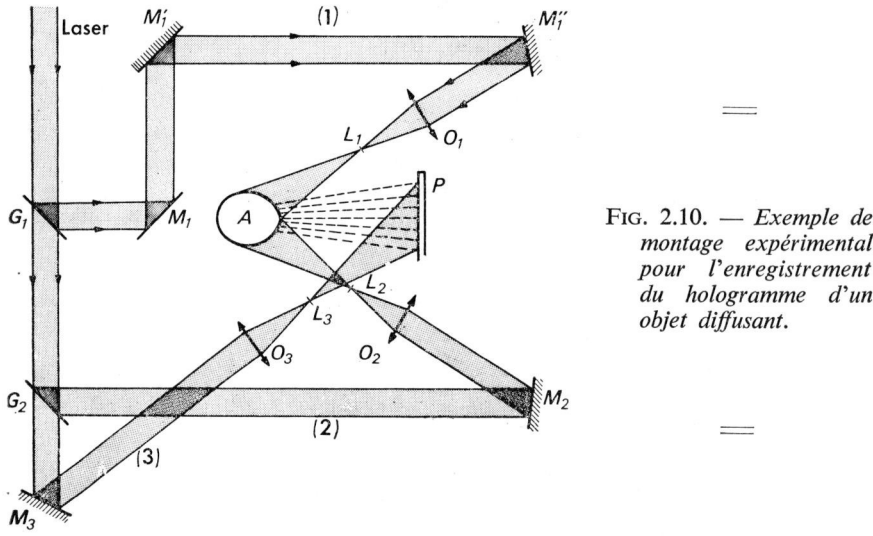

Fig. 2.10. — *Exemple de montage expérimental pour l'enregistrement du hologramme d'un objet diffusant.*

par l'objet. La figure 2.10 indique un exemple de montage pratique pour éclairer un objet A sous différents angles et avec un même laser. Tout se passe comme si l'objet A était éclairé par les 2 sources ponctuelles L_1 et L_2, le fond cohérent éclairant directement la plaque photographique P étant produit par la source ponctuelle L_3. Les lames semi-réfléchissantes G_1 et G_2, les miroirs M_1, M'_1, M''_1, M_2 et M_3 sont disposés de façon que les 3 trajets ne soient pas trop différents. *Il ne faut pas en effet que les différences de marche dépassent la longueur de cohérence du laser utilisé.*

2.4. — Influence de la résolution de l'émulsion photographique sur l'enregistrement d'un hologramme.

Pour bien séparer les images, comme indiqué sur la figure 2.7, il faut un fond cohérent assez fortement incliné. Prenons l'exemple simple de la figure 2.1.

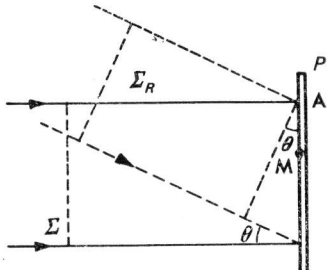

FIG. 2.11. — *Influence de l'inclinaison θ de l'onde de référence sur les possibilités d'enregistrement de l'émulsion (pouvoir de résolution).*

En un point quelconque M (fig. 2.11) la différence de marche entre Σ et Σ_R dans le plan de la plaque photographique P est :

$$\delta = \theta \cdot \overline{\text{AM}} \qquad (2.1)$$

Soit a_0 l'amplitude du fond cohérent et a celle de l'onde Σ. La formule classique de Fresnel donne l'intensité en M :

$$I = a_0^2 + a^2 + 2a_0 a \cos \frac{2\pi\delta}{\lambda} \qquad (2.2)$$

Les franges brillantes correspondent à $\delta = K\lambda$ où K est un nombre entier. La distance séparant deux franges brillantes sur la plaque P est égale à λ/θ. Pour $\theta = 20°$, on a $\dfrac{\lambda}{\theta} \simeq 2\mu$ soit 500 franges par millimètre. Si l'on veut que l'émulsion soit capable d'enregistrer des franges aussi serrées, il faut que sa résolution soit grande. Actuellement on utilise des émulsions dont la résolution atteint 2 000 ou 3 000 traits par millimètre.

2.5. — Longueur de cohérence des vibrations émises par la source utilisée.

L'onde de référence arrivant directement sur la plaque doit être cohérente avec la lumière diffusée par tous les points de l'objet qui éclairent la plaque photographique. Lorsque l'objet a des dimensions importantes, la condition précédente est réalisée si la source a une longueur de cohérence suffisante. Considérons l'exemple simplifié de la figure 2.12. Si H_1, H_2 et H_3 sont dans le

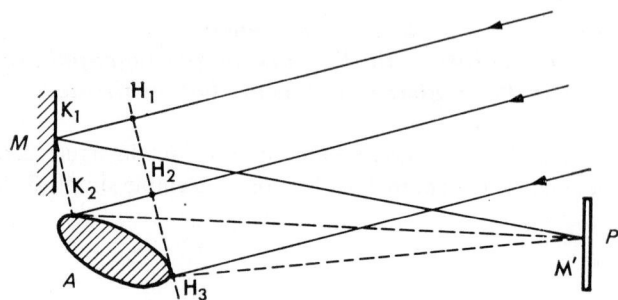

Fig. 2.12. — *Influence de la longueur de cohérence de la source (laser) sur l'enregistrement de l'hologramme d'un objet A.*

plan normal au faisceau incident, depuis la source à l'infini jusqu'aux points H_1, H_2 et H_3, les chemins optiques sont les mêmes. A partir du point H_1 un rayon du faisceau de référence accomplit le chemin $H_1K_1 + K_1M'$ tandis qu'à partir du point H_3 le chemin est seulement H_3M'. Par conséquent, si on veut que les deux rayons K_1M' et H_3M' puissent interférer, il faudra que la longueur de cohérence soit plus grande que la différence $H_1K_1 + K_1M' - H_3M'$ de ces deux trajets. D'une façon générale, la valeur maximale de la différence de marche entre l'onde de référence et une onde diffractée par un point quelconque de l'objet doit être inférieure à la longueur des vibrations émises par la source.

2.6. — Fond cohérent produit par une onde sphérique.

Dans ce qui précède, nous avons considéré un fond cohérent formé par un faisceau de rayons parallèles (onde plane). Cela n'est nullement nécessaire. Si la source ponctuelle de référence S_R est à distance finie (fig. 2.13) elle donne une onde sphérique qui interfère dans le plan de la plaque photographique P avec l'onde issue d'un point quelconque S de l'objet. L'hologramme obtenu est encore un hologramme de Fresnel sauf lorsque la courbure de l'onde de référence est égale à celle de l'onde émise par le point objet S, c'est-à-dire

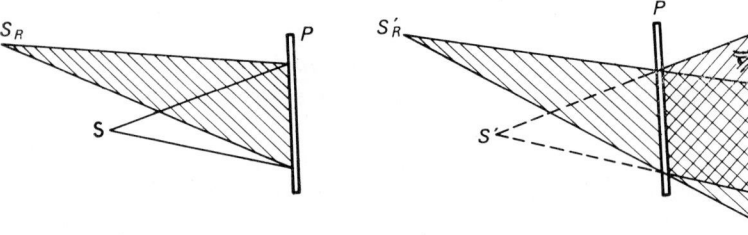

Fig. 2.13. — *Enregistrement avec une onde de référence sphérique.*

Fig. 2.14. — *Observation de l'image virtuelle S'.*

lorsque S_R et S sont à la même distance de P. Dans ce cas, on a un hologramme appelé *hologramme de Fourier*, dont les propriétés particulières seront étudiées au § *2.10*. *Si l'objet est à trois dimensions, on obtient un hologramme de Fourier quand la courbure de l'onde de référence est égale à la courbure moyenne des ondes émises par les points de l'objet.*

Revenons à la figure 2.13 où l'on considère un objet ponctuel S. Comme nous l'avons déjà dit, si l'épaisseur de l'émulsion intervient, il n'est pas possible d'utiliser le même éclairage pour voir l'image virtuelle et l'image réelle. Les figures 2.14 et 2.15 indiquent la manière d'opérer pour avoir à la fois une image stigmatique et le maximum de lumière. Pour voir dans les meilleures conditions l'image virtuelle S' (fig. 2.14), la source de restitution S'_R doit être confondue avec la source ponctuelle qui a servi à l'enregistrement. Dans le cas de l'image réelle (fig. 2.15) le hologramme doit être éclairé par un faisceau qui converge vers le point S''_R symétrique de S_R par rapport à P. L'image réelle S''' est symétrique de S' par rapport à P.

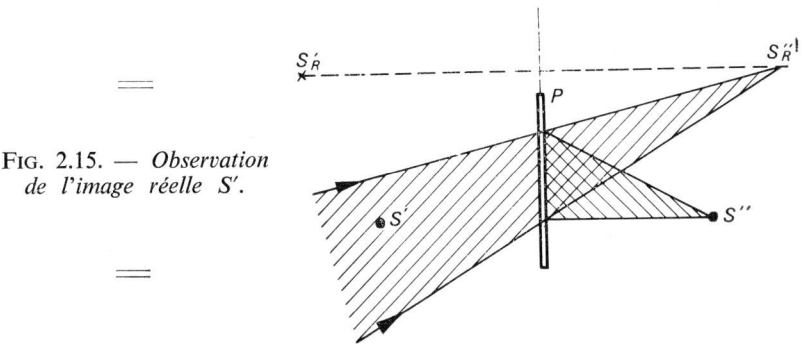

Fig. 2.15. — *Observation de l'image réelle S'*.

2.7. — Correspondance entre les points de l'objet et le hologramme.

Dans une photographie ordinaire, un point de la plaque photographique correspond à un point de l'objet. En holographie, il n'en est plus ainsi si l'objet est diffusant. Chaque point de l'objet diffuse de la lumière qui recouvre le hologramme, il en résulte une correspondance point-objet-surface entière du hologramme. Par conséquent, si on casse le hologramme, une partie quelconque suffit à reconstituer l'objet diffusant en trois dimensions. C'est un peu ce qui se passe lorsque l'on casse un objectif : *un morceau quelconque peut servir à former l'image d'un objet* mais, de toute façon, ce n'est pas une opération à recommander.

2.8. — Optique géométrique des hologrammes.

Le problème est le suivant : étant donné un point objet, la position de la source de référence à l'enregistrement et à la restitution, déterminer la position des deux images reconstituées du point objet. En première approximation ce problème est résolu par des formules de conjugaison analogues à celles des lentilles (voir § *3.5*). Prenons comme origine des angles l'axe $S_R O$ de l'onde de restitution (fig. 2.16). Les directions des deux images S' et S'' sont symétriques

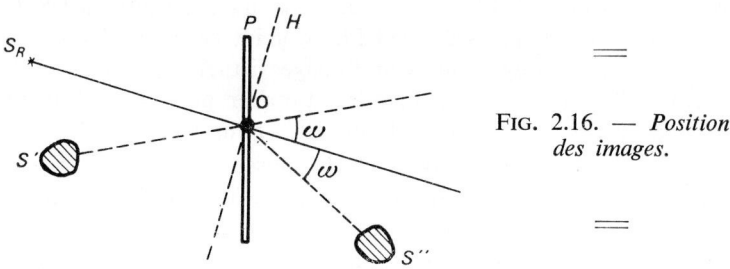

FIG. 2.16. — *Position des images.*

par rapport à l'axe de restitution. Si la source de restitution tourne de l'angle ε, les deux images tournent du même angle. Si c'est l'hologramme qui tourne, les deux images restent fixes. Dans le cas où l'onde de référence et l'onde de restitution sont planes, les deux images sont symétriques par rapport à la normale OH à l'axe $S_R O$ du faisceau de restitution.

Un résultat important des formules de conjugaison est relatif au *grandissement*. Soit p la distance d'un objet quelconque à la plaque photographique. Si λ et λ' sont les longueurs d'onde à l'enregistrement et à la restitution, l'image n'est plus égale à l'objet. On a un grandissement G donné par :

$$G = \frac{\lambda'}{\lambda} \frac{p'}{p} \qquad (2.3)$$

où p' est la distance de l'image au hologramme.

On peut donc obtenir des grandissements considérables si la longueur d'onde λ' à la restitution est beaucoup plus grande que la longueur d'onde λ utilisée à l'enregistrement.

2.9. — *Aberrations des hologrammes* (*).

Les formules de conjugaison (voir § *3.5*) sont des formules approchées comparables à l'approximation de Gauss pour les systèmes optiques ordinaires. En développant les calculs, on trouve les aberrations classiques, aberration sphérique, coma, astigmatisme, distorsion et enfin le chromatisme dans le cas d'un changement de longueur d'onde entre l'enregistrement et la

(*) Références 201, 212, 39.

restitution. Il n'y a stigmatisme rigoureux que si l'onde de restitution est identique à l'onde de référence qui a servi à l'enregistrement quelle que soit sa forme.

Lorsque la source de référence à l'enregistrement est une source ponctuelle, la condition de stigmatisme implique que la source ponctuelle de restitution doit être confondue, avec la source de référence.

2.10. — *Hologrammes de Fourier* (*).

Réalisons le montage de la figure 2.17 de façon à ce que la source de référence ponctuelle S_R soit dans le même plan que l'objet A. Dans ce cas particulier, l'onde diffractée par un point S quelconque de l'objet et l'onde de référence issue de S_R ont la même courbure dans le plan de la plaque photogra-

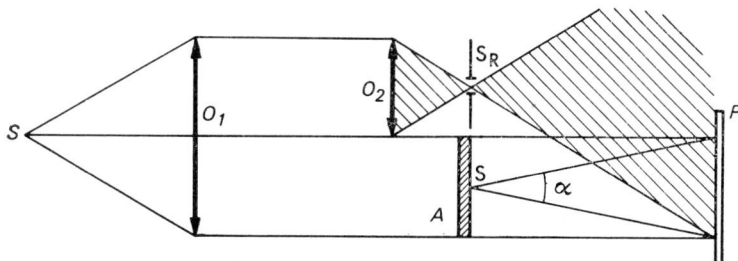

Fig. 2.17. — *Enregistrement d'un hologramme de* Fourier.

phique P. Ces deux ondes sont seulement décalées latéralement l'une par rapport à l'autre. Les deux points S_R et S donnent sur la plaque P un système de franges d'Young, la distance entre deux franges consécutives du même type étant égale à $\lambda D/d$ où D est la distance de S_R et S à P et d la distance séparant S_R et S. A chaque point de l'objet correspond, sur la plaque P, un système de franges sinusoïdales dont l'écartement dépend de d. Pour obtenir des images avec le hologramme ainsi réalisé, on opère comme indiqué sur la figure 2.18. Le holo-

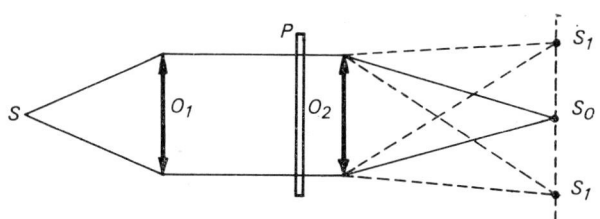

Fig. 2.18. — *Observation des images données par un hologramme de* Fourier.

(*) Références 107, 191, 289, 300.

gramme P est éclairé en faisceau parallèle et on place un objectif O_2 après P. Supposons que le hologramme ait été enregistré avec un seul point objet S. Après développement, on a un réseau sinusoïdal sur le négatif (on se place toujours dans les conditions de linéarité de l'émulsion). Dans le plan focal de l'objectif O_2, on observe l'image directe S_0 et deux spectres S_1 et S'_1. Ces deux spectres sont les images reconstituées de l'objet ponctuel S. Si l'objet est étendu, le mécanisme de formation des images reste le même et on reconstitue deux images de part et d'autre de l'image directe S_0 de la source. Les images S_1 et S'_1 sont symétriques par rapport à S_0 comme le montre la figure 2.19 sur

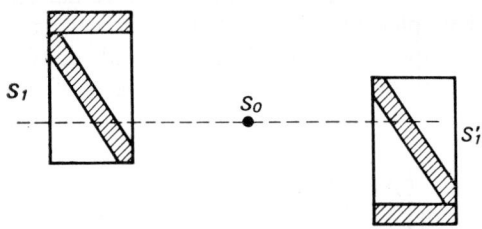

Fig. 2.19. — *Disposition des images données par un hologramme de* Fourier.

laquelle on a représenté les deux images d'un objet quelconque. *Dans ce type particulier de hologramme, appelé hologramme de Fourier, la résolution de l'émulsion photographique ne joue pas le même rôle que dans le cas des hologrammes de Fresnel*, c'est-à-dire lorsque l'onde de référence est plane ou lorsqu'elle a une courbure différente de la courbure moyenne des ondes émises par les points de l'objet dans le plan du hologramme. En effet, les franges sinusoïdales correspondant à un point S de l'objet sont d'autant plus serrées que la distance $d = \overline{SS_R}$ est plus grande. Si le *pas* des franges est inférieur à la limite de résolution de l'émulsion, le point S ne sera pas vu. La résolution de l'émulsion limite le *champ d'observation* et non la finesse de l'image qui ne dépend que de l'angle α sur la figure 2.17. Les hologrammes de Fourier sont donc susceptibles de fournir des images de très haute résolution dans le cas d'objets plans.

2.11. — Holographie lorsque les différents points de l'objet sont incohérents (*).

Le principe de l'holographie en éclairage spatialement incohérent est le suivant : chaque point de l'objet est dédoublé en deux images cohérentes qui donnent sur le hologramme un système de franges sinusoïdales. Chaque système de franges doit être caractéristique de la position, dans l'espace, du point objet qui lui a donné naissance. A la reconstruction, si on éclaire le hologramme en lumière cohérente, chaque système de franges donne deux images ponc-

---

(*) Références 107, 183, 193, 215, 288.

tuelles et il en est de même pour tous les points de l'objet. On observe alors l'image de la source ponctuelle d'éclairage et deux images de l'objet symétriques par rapport à l'image de la source.

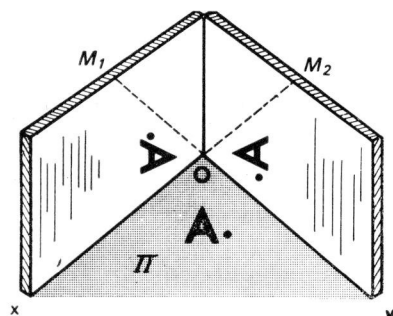

Fig. 2.20. — *Exemple de montage pour l'enregistrement d'un hologramme en éclairage spatialement incohérent.*

Imaginons que l'on veuille obtenir un hologramme en lumière spatialement incohérente d'un objet plan, par exemple la lettre A (fig. 2.20). On place cette lettre sur un plan horizontal π et deux miroirs plans M_1 et M_2, perpendiculaires au plan π et perpendiculaires l'un à l'autre sont disposés au voisinage de la lettre A. Si la lettre A occupe une position telle qu'elle admette la bissectrice de l'angle xOy comme axe de symétrie, on observe deux images par réflexion sur les deux miroirs M_1 et M_2. Ces deux images sont symétriques par rapport au point O. Le point noir placé près d'un côté de la lettre A permet de voir le retournement de l'une des images par rapport à l'autre. Chaque point de la lettre objet A donne naissance à deux points images situés symétriquement par rapport à O. Ces deux points sont capables de produire sur un écran B quelconque (le hologramme) un système de franges d'Young. Aucun autre point de la lettre objet A ne pourra donner le même système de franges d'Young,

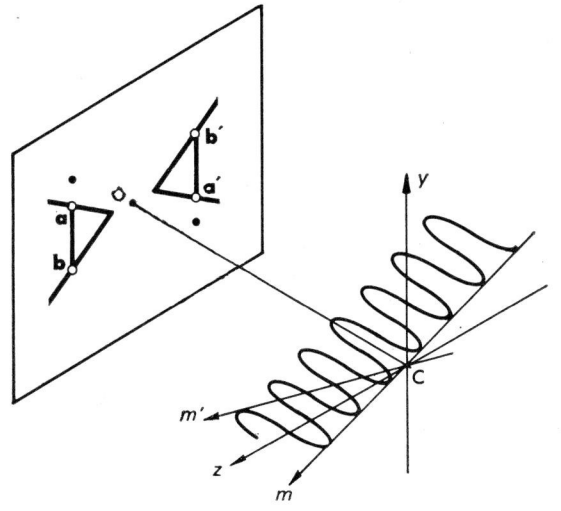

Fig. 2.21. — *Chaque point de l'objet donne naissance à 2 images cohérentes capables de produire sur la plaque un système de franges caractéristiques de la position du point de l'objet.*

soit parce que l'écartement des deux points images est différent, soit parce que l'orientation du système de franges est différent. C'est ce que montre la figure 2.21. Les points *a* et *b* de l'une des images correspondent respectivement aux points *a'* et *b'* de l'autre image. Dans un plan quelconque c*yz* (plan du hologramme), les deux points *b* et *b'* cohérents produisent un système de franges d'Young dirigé suivant c*m* parallèle à *bb'*. Les deux points *a* et *a'* ont le même écartement mais l'orientation de *aa'* est différente de celle de *bb'*. Les deux points cohérents *a* et *a'* donnent un système de franges d'Young dans la direction c*m'* parallèle à *aa'*.

2.12. — Influence de l'épaisseur de l'émulsion photographique (*).

Dans tout ce qui précède, nous n'avons pas fait intervenir l'épaisseur de l'émulsion qui était supposée négligeable. Il n'en est pas ainsi dans la réalité et nous étudions maintenant les effets de l'épaisseur de la couche sensible sur l'enregistrement et l'observation des hologrammes. La figure 2.22 représente

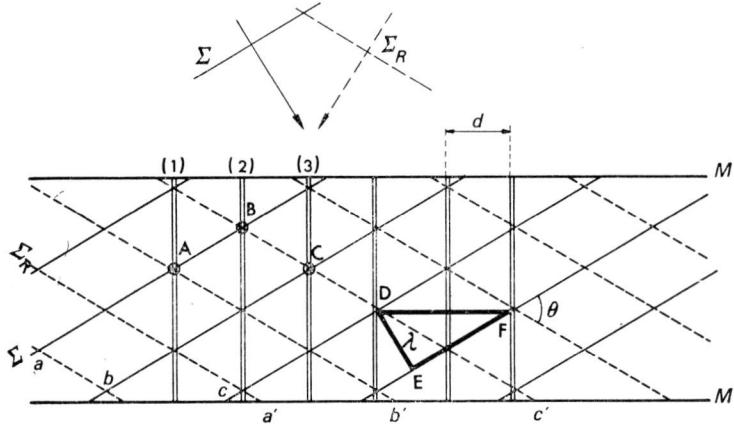

FIG. 2.22. — *Ondes stationnaires produites dans l'épaisseur de l'émulsion.*

une coupe de l'émulsion par un plan (le plan de figure) perpendiculaire à la plaque photographique. L'émulsion est limitée par deux plans parallèles dont les traces sont M et M'. Considérons une onde plane Σ dite « onde objet » qui traverse l'émulsion. A un instant donné, les maximums de cette onde sont indiqués par les traits continus a, b, c, etc. L'onde plane de référence Σ_R traverse aussi l'émulsion et les lignes en traits ponctués a', b', c', etc., indiquent les positions des maximums au même instant. On suppose que les deux ondes sont symétriques par rapport à M et M'. En des points tels que A, B, C, etc.,

(*) Références 83, 107, 298.

les deux ondes sont en phase et leurs amplitudes s'ajoutent. Au cours du temps, les ondes progressent et les points A, B, C, etc., décrivent des lignes perpendiculaires à M et M'. Elles sont représentées par des traits doubles en (1), (2), (3), etc. Si on considère la figure en trois dimensions, on a des plans perpendiculaires au plan de figure et dont les traces sont en (1), (2), (3), etc. Après développement, tous ces plans se comportent comme des miroirs semi-réfléchissants. La distance séparant deux maximums consécutifs d'une même onde est égale à $\lambda/2$ et si les deux ondes font l'angle θ la distance d séparant les miroirs semi-réfléchissants est donnée, d'après le triangle DEF, par :

$$d = \frac{\lambda}{2 \sin \frac{\theta}{2}} \qquad (2.4)$$

Nous voulons maintenant reconstruire l'onde plane « objet » Σ en éclairant le hologramme dans les conditions habituelles par une onde plane Σ'_R. Imaginons que la direction de propagation de l'onde Σ'_R ne soit pas la même que lors de l'enregistrement. Les rayons correspondant à l'onde Σ'_R (fig. 2.23) font l'angle α avec les miroirs semi-réfléchissants et on a négligé la réfraction sur la figure 2.23. Pour que l'œil puisse voir une image reconstruite de l'onde plane objet Σ, il faut qu'après réflexion sur les miroirs semi-réfléchissants tous les rayons soient en phase. L'angle α doit satisfaire à la condition :

$$\sin \alpha = \pm \frac{\lambda}{2d} \qquad (2.5)$$

qui n'est autre que la condition de Bragg bien connue des cristallographes. En comparant les deux équations (2.4) et (2.5) on voit que l'intensité maximale est obtenue si :

$$\alpha = \pm \frac{\theta}{2} \qquad \alpha = \pm \left(\pi - \frac{\theta}{2}\right) \qquad (2.6)$$

$\alpha = + \frac{\theta}{2}$ indique que l'onde Σ'_R qui éclaire le hologramme est identique à l'onde de référence initiale Σ_R. L'onde « objet » Σ est alors reconstruite telle qu'elle était. Si $\alpha = - \theta/2$ cela veut dire que l'onde Σ'_R a, par rapport au hologramme, la même direction que l'onde objet Σ. L'onde plane objet Σ est reconstruite dans la direction $+ \theta/2$. De même pour $\alpha = - (\pi - \theta/2)$ l'onde Σ'_R est dirigée en sens inverse de l'onde de référence initiale et pour $\alpha = \pi - \theta/2$ elle est dirigée en sens inverse de l'onde « objet ». Tout ce que nous venons de dire pour une onde plane objet peut se généraliser au cas d'un objet quelconque (fig. 2.24) en décomposant l'onde objet en ondes planes et en raisonnant pour chaque onde plane comme il vient d'être dit. La conclusion importante est que si l'émulsion est épaisse, *le hologramme ne reconstruit des images de l'objet que lorsqu'il est éclairé dans une direction convenable.*

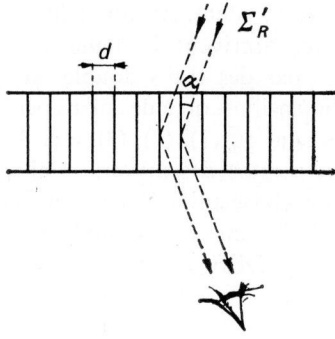

FIG. 2.23. — *L'onde incidente* $\Sigma R'$ *n'est réfléchie que si elle satisfait à la condition de* BRAGG.

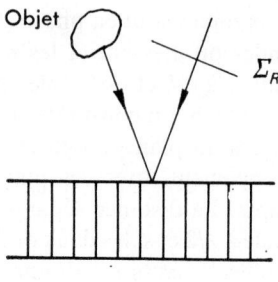

FIG. 2.24. — *Enregistrement du hologramme d'un objet et formation des ondes stationnaires.*

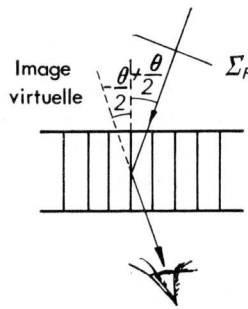

FIG. 2.25. — *Observation de l'image virtuelle.*

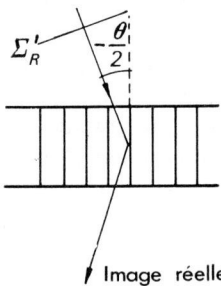

FIG. 2.26. — *L'image réelle n'est pas observée.*

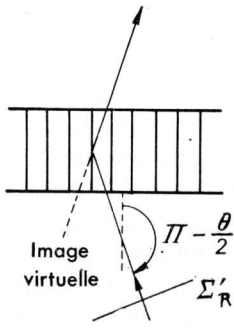

FIG. 2.27. — *L'image virtuelle n'est pas observée.*

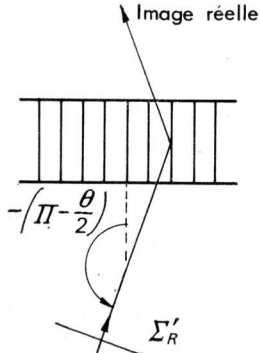

FIG. 2.28. — *Observation de l'image réelle.*

La discussion précédente est résumée par les figures 2.24, 2.25, 2.26, 2.27 et 2.28.

1) L'onde Σ'_R qui éclaire l'hologramme est identique à l'onde de référence initiale Σ_R (fig. 2.25). Le hologramme reconstruit une image virtuelle identique à l'objet comme nous l'avons vu précédemment (§ *2.6*).

2) L'onde Σ'_R se propage dans la même direction que celle du faisceau objet (fig. 2.26). On obtient une image réelle mais l'onde Σ'_R ne satisfait pas à la condition de Bragg pour toutes les ondes provenant de l'objet. Le hologramme ne reproduit alors qu'une portion de l'objet.

3) L'onde Σ'_R est dirigée en sens inverse du faisceau objet (fig. 2.27). On obtient une image virtuelle qui est peu utilisable pour les raisons précédentes (cas 2).

4) L'onde Σ'_R est dirigée en sens inverse de l'onde de référence initiale (fig. 2.28). On obtient une image réelle.

Tous les résultats précédents supposent que l'émulsion est épaisse et on peut dire qu'il en est ainsi lorsque l'épaisseur de l'émulsion est beaucoup plus grande que la distance d séparant les miroirs semi-réfléchissants. Si l'épaisseur de l'émulsion est petite par rapport à d, l'effet Bragg est négligeable et le hologramme se comporte comme un milieu à deux dimensions tel que nous l'avons d'abord étudié.

2.13. — *Holographie en couleurs* (*).

La technique des hologrammes en couleurs repose essentiellement sur les deux points suivants :

1) Les propriétés d'un milieu à trois dimensions de l'émulsion photographique (§ *2.12*).

2) La méthode de photographie en couleurs de Lippmann (voir § *1.14*).

Nous venons de voir l'existence dans l'émulsion de plans semi-réfléchissants dus aux interférences de l'onde objet et de l'onde de référence. Reprenons le cas de la figure 2.25. Le hologramme est éclairé par une onde Σ'_R identique à l'onde de référence initiale qui a servi à enregistrer le hologramme. Cela veut dire en particulier que la longueur d'onde à la restitution est la même qu'à l'enregistrement. On obtient une restitution de l'onde objet Σ avec le maximum d'intensité. Changeons seulement la longueur d'onde de Σ'_R et éclairons avec une longueur d'onde λ' différente de la longueur d'onde λ d'enregistrement. L'équidistance d des plans semi-réfléchissants n'ayant pas changé, les ondes réfléchies ne peuvent être en phase à la fois pour λ et λ'. La longueur d'onde λ' n'est pratiquement plus réfléchie. Éclairons maintenant par de la lumière blanche. Seule la longueur d'onde λ qui a servi à l'enregistrement

(*) Références 44, 60, 84, 298.

va donner une image, les autres se détruiront par interférences. Le hologramme agit comme un véritable filtre interférentiel.

Les conditions les plus favorables ne sont pas celles de la figure 2.24 mais bien celles de la figure 2.29. Lorsque l'onde « objet » Σ et l'onde de référence Σ_R sont dirigées en sens inverse, les ondes stationnaires produisent des plans semi-réfléchissants parallèles aux surfaces limitant l'émulsion. C'est la disposition obtenue dans le cas des photographies en couleurs de Lippmann. La distance d séparant deux plans semi-réfléchissants est égale à $\lambda/2$. A la restitution, on

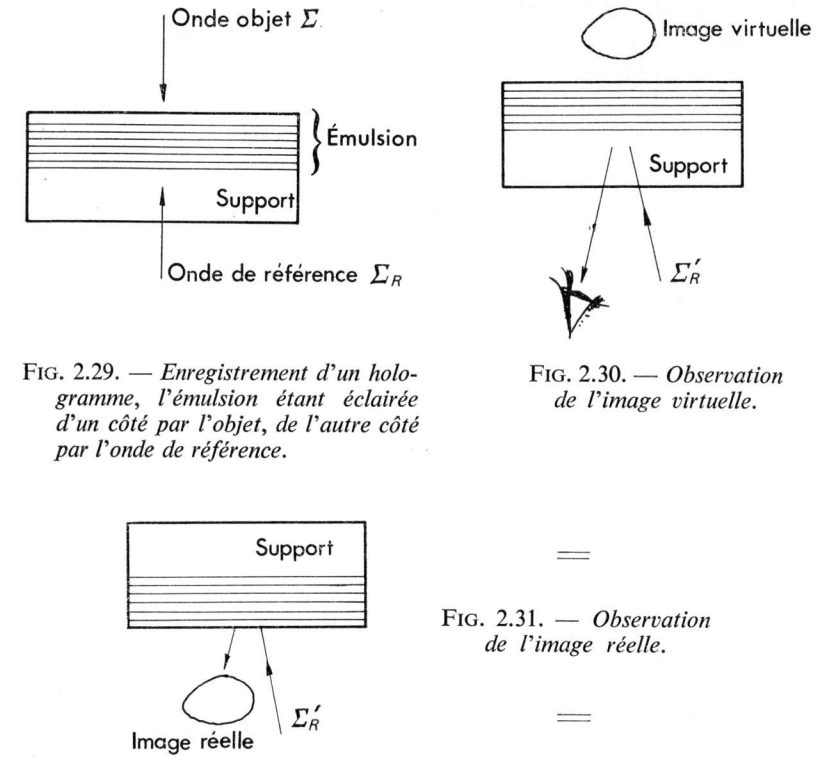

Fig. 2.29. — *Enregistrement d'un hologramme, l'émulsion étant éclairée d'un côté par l'objet, de l'autre côté par l'onde de référence.*

Fig. 2.30. — *Observation de l'image virtuelle.*

Fig. 2.31. — *Observation de l'image réelle.*

obtient une image virtuelle si on éclaire par une onde Σ'_R identique à Σ_R et en regardant par réflexion (fig. 2.30). Pour observer l'image réelle on éclaire le hologramme par une onde Σ'_R de sens opposé à celui de l'onde Σ_R (fig. 2.31). Dans tous les cas, si à la restitution la lumière d'éclairage est blanche, l'image est vue avec la couleur correspondant à la longueur d'onde qui a été utilisée à l'enregistrement. Toutes les autres longueurs d'onde sont détruites par interférence. Éclairons l'objet par trois longueurs d'ondes différentes à l'enregistrement. Comme l'a montré Lippmann, les ondes stationnaires correspondant à des longueurs d'ondes différentes peuvent être enregistrées dans une même émulsion et reproduites par réflexion. Par conséquent, si lors de l'enregistrement du hologramme on éclaire l'objet avec trois longueurs d'ondes convenables, à la restitution le hologramme, éclairé en lumière blanche, donnera une image en couleurs et en relief.

2.14. — *Application de l'holographie à l'interférométrie* (*).

Dans tous les interféromètres classiques, on fait interférer deux ondes provenant de la même source, c'est-à-dire émises à un même instant. Les sources ordinaires, sauf les lasers, donnent des trains d'ondes de très courte durée et il n'est pas possible d'observer des interférences avec des sources différentes.

L'holographie permet de tourner la difficulté d'une manière très élégante sans, bien entendu, mettre en cause les principes fondamentaux. Le point essentiel repose encore une fois sur la possibilité d'enregistrer sur un hologramme la phase et l'amplitude d'une onde quelconque.

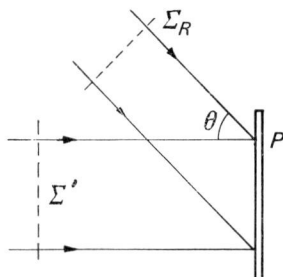
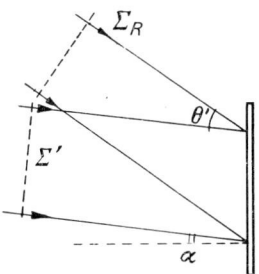

Fig. 2.32. — *Première pose.*   Fig. 2.33. — *Deuxième pose* ($\theta' \neq \theta$).

Considérons une onde plane Σ (fig. 2.32). C'est l'onde « objet ». Pour enregistrer un hologramme sur la plaque P, on associe à l'onde Σ une onde cohérente Σ_R que nous supposerons plane. Avant de développer, effectuons une deuxième pose en donnant à l'onde objet une inclinaison un peu différente. Cette nouvelle onde est représentée en Σ' sur la figure 2.33. Maintenant développons dans les conditions de linéarité habituelles. Si on éclaire le hologramme

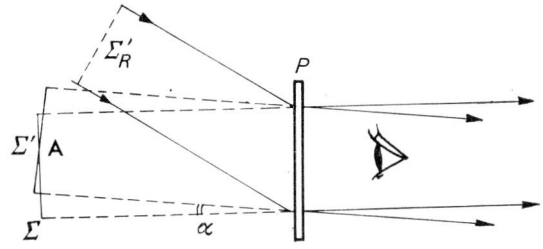

Fig. 2.34. — *A la reconstitution, on voit les interférences des 2 ondes Σ et Σ' enregistrées à des instants différents.*

(*) Références 29, 116, 118, 127, 283, 293, 336.

obtenu par une onde Σ'_R identique Σ_R à (fig. 2.34) on reconstitue en *phase* et en *amplitude* les deux ondes Σ et Σ'. Comme le hologramme est éclairé par une source ponctuelle les deux ondes Σ et Σ' sont cohérentes et susceptibles d'interférer. Dans une région quelconque A où les deux ondes se superposent on verra des franges rectilignes, parallèles et équidistantes. Grâce aux propriétés des hologrammes, on a pu faire interférer deux ondes enregistrées à des instants différents. Bien entendu, le phénomène n'est pas possible si on supprime à l'enregistrement l'onde cohérente Σ_R. Reprenons le montage de la figure 2.33. On fait une pose avec une onde incidente plane Σ. Intercalons un objet transparent A dans le faisceau incident (fig. 2.35). L'onde incidente est déformée par les variations de phase de l'objet transparent et devient l'onde Σ'. Effectuons une deuxième pose. Maintenant développons et éclairons le hologramme dans les mêmes conditions que lors de l'enregistrement. On observe les interférences de l'onde plane Σ, obtenue par le premier enregistrement, avec l'onde déformée Σ'. On a des franges qui dessinent les lignes d'égale différence de marche de l'objet A. Si en un point de l'objet l'épaisseur est e et l'indice de réfraction n, les franges dessinent les lignes $(n-1)e = $ Cte. Dans le cas où l'objet A a un indice de réfraction constant, les franges dessinent les lignes d'égale épaisseur de A exactement comme si on avait placé A dans un interféromètre classique par exemple un interféromètre de Mach-Zehnder.

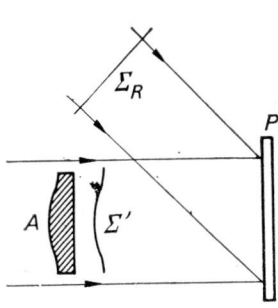 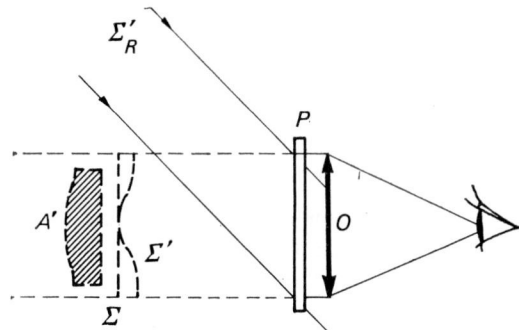

Fig. 2.35. — *Première pose avec l'objet déphasant A, deuxième pose sans l'objet A.*

Fig. 2.36. — *A la reconstitution, on voit les franges dessinant les lignes $(n-1)e = $ Cte, e étant l'épaisseur de A et n son indice.*

Pour voir les franges dans l'image virtuelle, on éclaire le hologramme comme l'indique la figure 2.36. La pupille de l'œil se trouve au foyer d'un objectif O placé contre le hologramme. L'œil se sert de O pour mettre au point sur l'image A' de l'objet A. On voit que toute diaphragmation du hologramme entraîne ici une réduction du champ d'observation.

Il est possible d'obtenir une image réelle de l'objet avec les franges en éclairant par un faisceau parallèle, symétrique du faisceau utilisé à l'enregistrement

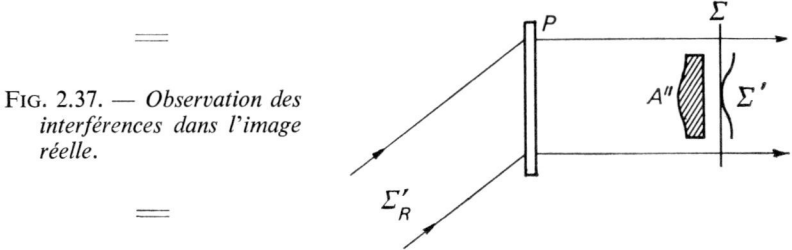

Fig. 2.37. — *Observation des interférences dans l'image réelle.*

(fig. 2.37). En plaçant un écran dans le plan de l'image A'' (l'objet étant supposé mince) on voit les franges dessiner les lignes d'égale différence de phase de l'objet.

2.15. — *Interférométrie avec écran diffusant* (*).

Un diffuseur D est éclairé en lumière cohérente et l'objet transparent A est placé contre D (fig. 2.38). Comme précédemment, on fait un enregistrement avec l'onde cohérente Σ_R. L'objet A est enlevé sans rien changer d'autre au montage. On fait une deuxième pose puis on développe. L'hologramme obtenu

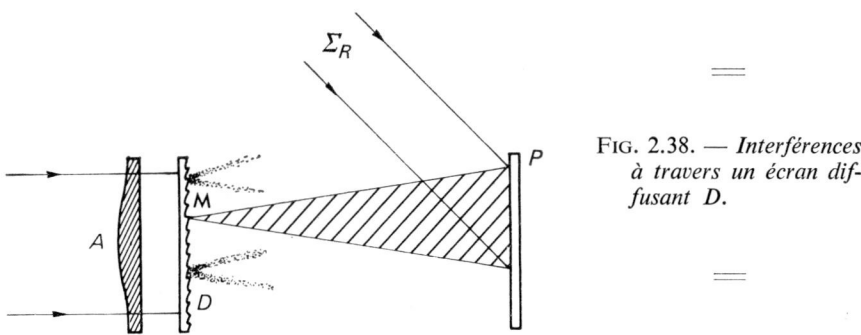

Fig. 2.38. — *Interférences à travers un écran diffusant D.*

montre des franges d'interférences qui dessinent les lignes $(n-1)e =$ Cte de l'objet A. Considérons en effet un point M quelconque situé près d'une région de A où l'épaisseur est e et l'indice n. La phase en M a une valeur déterminée qu'il n'est pas nécessaire de connaître. Enlevons l'objet A. Au même point M, le chemin optique ne dû à A est remplacé par un chemin d'air d'épaisseur e. Par conséquent, entre les deux poses, le chemin optique a varié de $(n-1)e$. Puisque l'on peut faire interférer les deux ondes correspondantes, on observe des interférences avec une différence de marche $(n-1)e$. Si e varie seul d'un point à un autre de A, les franges d'interférences dessinent les lignes d'égale épaisseur de A. On peut noter une différence importante avec les interférences

(*) Références 24, 58, 191.

obtenues sans écran diffusant (§ *2.14*) : dans le cas de la figure 2.38 chaque point M de D diffuse de la lumière sur tout le hologramme P, par conséquent, les variations $(n-1)e$ du chemin optique affectent toute la surface du hologramme. Comme dans le cas d'un objet diffusant (§ *2.3*) une partie quelconque du hologramme suffit pour reconstituer le phénomène. L'image et les franges d'interférences peuvent être observées directement à l'œil sans optique.

Il est possible aussi de placer l'objet déphasant entre le diffuseur D et le hologramme P. Dans une pose l'objet déphasant est présent dans l'autre il est enlevé. L'observation se fait en plaçant un objectif contre le hologramme et un diaphragme percé d'un petit trou au foyer. De cette façon ce sont les rayons constituant un faisceau de rayons parallèles entre le diffuseur et le hologramme qui pénètrent dans l'œil. En déplaçant le trou on voit l'aspect du champ d'interférences pour différentes inclinaisons du faisceau parallèle qui a traversé l'objet.

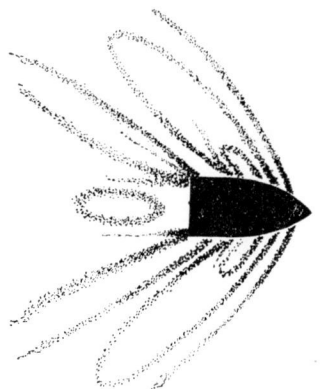
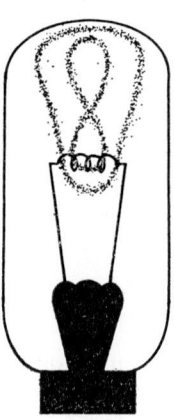

Fig. 2.39. — *Franges au voisinage d'un projectile (D'après* R. E. Brooks *et ses collaborateurs).*

Fig. 2.40. — *Courants de convection au voisinage d'un filament de lampe (D'après* R. E. Brooks *et ses collaborateurs).*

Les figures 2.39 et 2.40 reproduisent schématiquement deux applications spectaculaires de l'interférométrie par holographie, dues à R. E. Brooks et ses collaborateurs. La figure 2.39 représente les variations de pression de l'air au voisinage d'un projectile comme si la photographie avait été faite avec un interféromètre classique. Dans une première pose, on enregistre la lumière diffusée par le diffuseur avec le fond cohérent. Dans la deuxième pose, on ne change rien au montage, mais on prend la photographie au moment où le projectile passe devant le diffuseur.

La figure 2.40 montre les courants de convection au-dessus du filament d'une lampe. Le filament n'est pas allumé dans la première pose et on fait l'enregistrement avec le fond cohérent en plaçant la lampe devant le diffuseur. Dans la deuxième pose rien n'est changé au montage mais le filament est chauffé. L'enveloppe en verre de la lampe se trouve dans les deux poses et les défauts de l'enveloppe ne gênent en rien l'observation. Ce n'est évidemment pas le cas en interférométrie classique.

2.16. — Interférométrie des objets diffusants (*).

L'holographie permet d'étudier par interférométrie des objets diffusants ce qui n'est pas possible avec les autres méthodes, et c'est peut-être là l'une des possibilités les plus remarquables des hologrammes. Considérons un objet A quelconque, par exemple une plaque formée par une substance diffusante. Pour simplifier on supposera que l'objet A, éclairé par une source, présente une surface uniforme. Prenons le hologramme de l'objet A (fig. 2.41). Après développement, replaçons le hologramme exactement dans la position qu'il occupait lors de l'enregistrement. L'objet A ne change pas non plus de position.

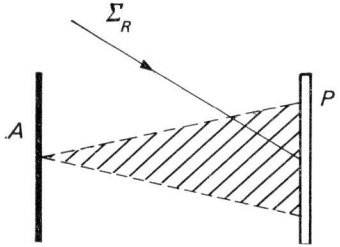

Fig. 2.41. — *Enregistrement du hologramme d'un objet diffusant A.*

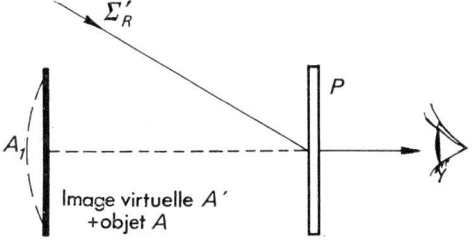

Fig. 2.42. — *Interférences produites en faisant coïncider l'objet A lui-même avec son image virtuelle A' donnée par le hologramme P.*

Éclairons par un faisceau Σ'_R identique à Σ_R (fig. 2.42). L'image virtuelle A' observée par l'œil interfère avec l'objet A lui-même, celui-ci étant éclairé par la même source (le faisceau qui éclaire A n'est pas représenté sur la fig. 2.42). Si l'objet A n'a subi aucune déformation depuis le moment où l'on a pris le hologramme, A et A' coïncident exactement et l'état d'interférences est le même en tous les points. Les interférences entre A et A' ne modifient rien et l'image est uniforme comme l'objet A. Déformons légèrement l'objet A qui s'incurve en A_1 par exemple. Il y a interférences entre A' et A_1 et des franges d'interférences, caractéristiques de la déformation, apparaissent aussitôt.

La déformation peut s'observer en prenant deux enregistrements successifs de l'objet sur le même hologramme. Dans la première pose, l'objet A n'est pas déformé et il est déformé dans la deuxième pose. A l'observation, le hologramme

(*) Référence 334.

restitue deux images, l'une est dans la position A de la figure 2.42 et l'autre dans la position A_1. Ces deux images interfèrent et les franges d'interférences caractéristiques de la déformation apparaissent.

2.17. — *Interférométrie des objets en mouvements* (*).

Reprenons l'expérience précédente de l'objet A qui se déforme. Deux poses successives sur le même hologramme ont permis de reconstituer l'objet dans les deux positions A et A' et d'étudier par interférences la déformation qui existe entre A et A'. On peut imaginer que l'objet A vibre et que A' était une position de l'objet à un instant déterminé. Rien n'empêche de prendre des instantanés successifs sur le même hologramme : à l'observation, on va reconstruire autant de positions de l'objet que d'instantanés et toutes ces images vont interférer. Généralisons en faisant une seule pose pendant laquelle l'objet A vibre d'une manière quelconque. Après développement, observons le hologramme dans les conditions habituelles. On montre que l'intensité en chaque point de l'image dépend de l'amplitude de la vibration. Si la vibration est sinusoïdale l'objet diffusant A étant supposé uniforme comme précédemment, l'intensité est proportionnelle à :

$$J_0^2(2Kp_0) \tag{2.15}$$

où p_0 est l'amplitude de la vibration au point considéré. J_0 est la fonction de Bessel d'ordre zéro et $K = 2\pi/\lambda$. L'intensité en chaque point est indépendante de la fréquence de la vibration. R. L. Powell et K. A. Stetson ont étudié ainsi les modes de vibration d'une plaque vibrante située à l'extrémité d'un cylindre.

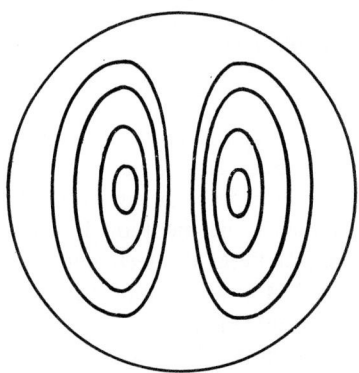

Fig. 2.43. — *Franges obtenues dans l'étude d'une plaque vibrante (D'après* R. L. Powell *et* K. A. Stetson*)*.

Fig. 2.44. — *Franges obtenues dans l'étude d'une plaque vibrante (D'après* R. L. Powell *et* K. A. Stetson*)*.

(*) Références 246, 247.

On observe des lignes noires qui sont les lignes d'amplitude constante correspondant aux zéros de la fonction de Bessel J_0. Les figures 2.43 et 2.44 représentent schématiquement deux modes de vibration.

2.18. — Hologramme enregistré à travers un milieu déphasant (*).

Enregistrons le hologramme d'un objet quelconque A (fig. 2.45) et interposons un verre dépoli D entre l'objet et l'hologramme. L'onde de référence Σ_R est indiquée par une simple flèche. Après développement, éclairons le hologramme de façon à obtenir une image réelle D' du diffuseur (fig. 2.46). Soit

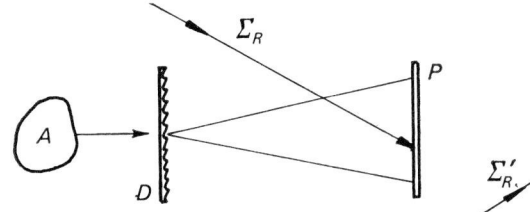

Fig. 2.45. — *Enregistrement du hologramme d'un objet A à travers un milieu déphasant D.*

Fig. 2.46. — *Mise en coïncidence de l'image réelle D' et de l'objet déphasant D lui-même.*

$\Phi(x, y, z)$ la phase en un point quelconque x, y, z du diffuseur. L'amplitude complexe est représentée par la fonction $e^{j\Phi}$. Au même point x, y, z de l'image D' du diffuseur, l'amplitude complexe est $e^{-j(\Phi+\varphi)}$ où φ représente l'action due à l'objet A. Si on place le diffuseur D lui-même en coïncidence avec l'image réelle D', les variations de phase produites par le diffuseur sont annulées par celles de l'image D'. Il ne reste que le terme dû à l'objet et celui-ci apparaît comme au travers d'une lame à faces parallèles.

Le même principe peut être utilisé pour corriger les aberrations d'un objectif (fig. 2.47). Une source ponctuelle S est placée au foyer d'un objectif O qui doit travailler pour l'infini. Si l'objectif O possède de l'aberration, l'onde Σ n'est

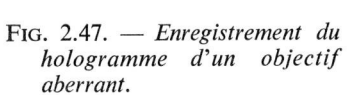

Fig. 2.47. — *Enregistrement du hologramme d'un objectif aberrant.*

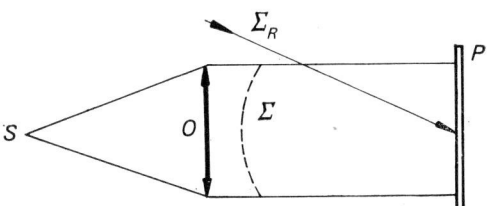

(*) Références 175, 176.

pas plane et ses déformations caractérisent l'aberration de l'objectif. On peut représenter l'amplitude en un point quelconque de l'onde Σ par une expression de la forme $e^{j\Phi}$ où Φ est le changement de phase dû à l'aberration. Enregistrons le hologramme et utilisons-le pour éclairer le même objectif comme le montre la figure 2.48. Le faisceau qui émerge de P et concourt à la formation d'une image réelle de Σ est reçu par l'objectif O. Cette image réelle de Σ, représentée par l'expression $e^{-j\Phi}$, corrige l'aberration de l'objectif représentée par $e^{j\Phi}$. L'image S' de la source ponctuelle est corrigée de l'aberration.

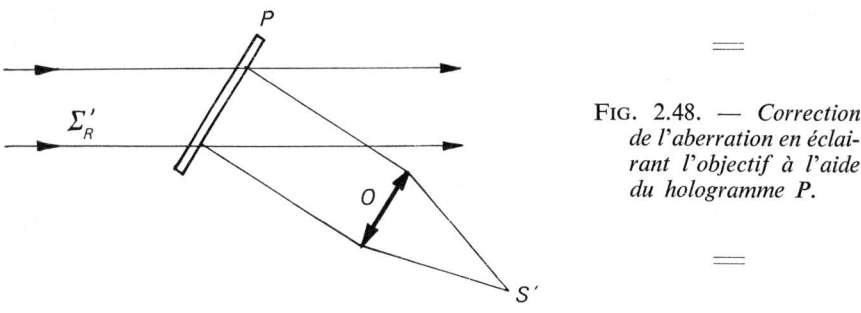

Fig. 2.48. — *Correction de l'aberration en éclairant l'objectif à l'aide du hologramme P.*

2.19. — Hologrammes de Fourier et filtrage optique (*).

Les hologrammes de Fourier trouvent une application importante dans le domaine du traitement de l'information et de la reconnaissance des formes par filtrage optique. Donnons un exemple : on dispose d'un texte contenant beaucoup de caractères blancs sur fond noir et l'on désire connaître le nombre de certaines lettres, par exemple la lettre *e*, et la position de ces lettres dans

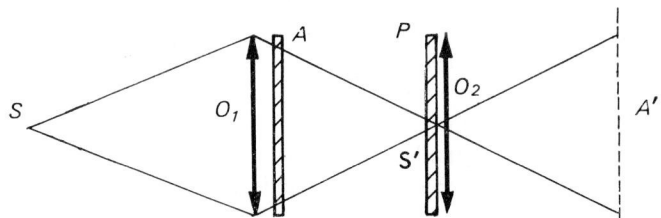

Fig. 2.49. — *Principe du filtrage optique.*

le texte. La figure 2.49 donne le principe de l'expérience. Le texte à étudier est en A et il est éclairé par la source ponctuelle S (laser). Un objectif O_1 placé contre A forme en S', image de S, un phénomène de diffraction caractéristique de A. Un deuxième objectif O_2 situé près de S' donne en A' une

---

(*) Références 3, 4, 191, 192, 300, 322, 330, 332.

image de A. Si on interpose un filtre convenable P en S', la présence des lettres e dans le texte A est indiquée en A' par des points lumineux sur fond noir. Chaque point correspond à une lettre e et donne sa position. Reste à préciser la nature et le fonctionnement du filtre P. Pour identifier un signal, on conçoit la nécessité d'enregistrer le maximum d'informations à son sujet et dans le cas présent, l'amplitude et la phase de la lumière émise par le signal. Le filtre P sera donc un hologramme. Par ailleurs, d'après le principe du montage de la figure 2.49 on voit que l'hologramme placé en P sera un hologramme de Fourier. Si on veut détecter la lettre e, il faut enregistrer un hologramme de Fourier de cette lettre éclairée en lumière cohérente (fig. 2.50). Une photo-

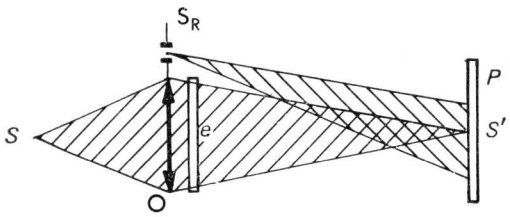

FIG. 2.50. — *Enregistrement du hologramme de* FOURIER *d'un signal (lettre e par transparence en blanc sur fond noir).*

graphie de la lettre e (diapositive en blanc sur fond noir) est disposée contre un objectif O éclairé par la source ponctuelle S. En S', conjugué de S, se trouve la plaque photographique P qui deviendra l'hologramme. La source ponctuelle de référence est en S_R et, bien entendu, les deux sources S et S_R proviennent du même laser non représenté pour ne pas compliquer la figure 2.50. En S' se trouve le phénomène de diffraction caractéristique de la lettre e et, grâce au fond cohérent émis par S_R on enregistre dans l'hologramme l'amplitude et la phase de ce phénomène de diffraction. C'est l'hologramme ainsi réalisé qui est placé en P sur la figure 2.49. Comme nous l'avons déjà dit à propos des hologrammes de Fourier (§ **2.***10*) on obtient une image centrale S_0 et deux images symétriques A_1 et A'_1 (fig. 2.51). L'image centrale S_0 reproduit le texte original. Si l'hologramme a été obtenu comme l'indique la figure 2.50,

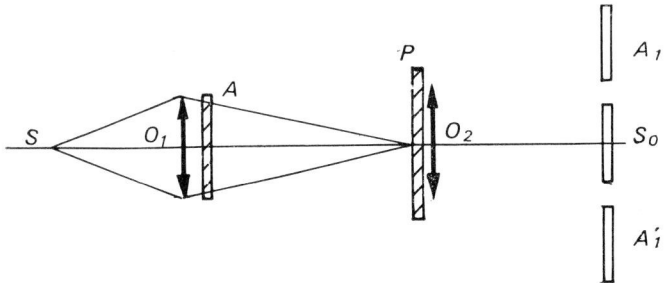

FIG. 2.51. — *Le filtre (hologramme de* FOURIER *de la lettre e) est placé en* O_2. *Dans une image* (A_1 *ou* A'_1), *chaque lettre e dans le texte A est décelée par la présence d'un point brillant.*

on montre que c'est l'image A'_1 située en bas sur la figure 2.51 qu'il faut utiliser. L'image A'_1 contient un point lumineux dont la position correspond au signal à détecter (lettre e). A plusieurs lettres e correspondent des points distincts qui donnent les positions des lettres. Il est évident que, s'il y a une certaine corrélation entre la lettre à identifier et une autre lettre, des réponses parasites seront obtenues. Ce risque existera entre deux lettres comme I et L.

2.20. — Application de l'holographie en microscopie (*).

On sait qu'en microscopie, plus le grossissement est élevé et plus la profondeur de champ est réduite. Dans ce domaine, l'holographie offre de grandes possibilités *grâce à l'enregistrement des images en trois dimensions*. Une fois le hologramme obtenu, on peut explorer le volume entier de l'image simplement en déplaçant le système optique d'observation. La figure 2.52 donne l'exemple d'un microscope utilisant le principe de l'holographie. La lumière produisant le fond cohérent va directement sur la plaque photographique P grâce aux lames semi-réfléchissantes G_1 et G_2 et au miroir M_2. La lumière qui traverse la préparation A et le microscope interfère en P avec le fond cohérent.

Par ailleurs, la formule (2.3) montre que si l'enregistrement est fait avec

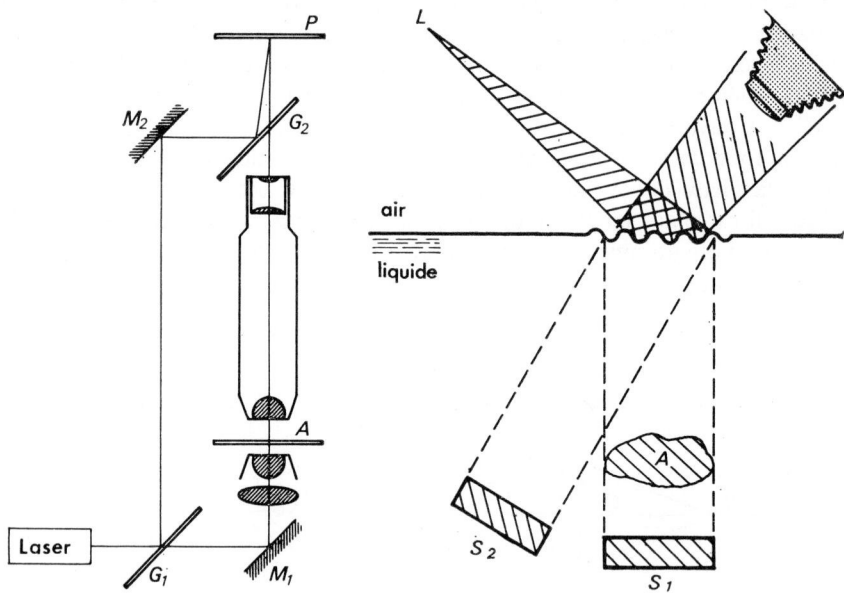

Fig. 2.52. — *Application de l'holographie à la microscopie.*

Fig. 2.53. — *Principe de l'holographie acoustique.* Enregistrement du hologramme.

(*) Références 107, 300.

une longueur d'onde λ et la reconstitution avec une longueur d'onde λ', on obtient un grandissement qui est multiplié par le rapport λ'/λ. Il est possible d'envisager un microscope à rayons X dans lequel l'enregistrement se ferait avec des rayons X et la reconstitution avec une longueur d'onde du spectre visible. Un pouvoir séparateur analogue à celui du microscope électronique pourrait être obtenu mais le microscope à rayons X est encore du domaine du futur.

2.21. — *Holographie acoustique* (*).

Dans tout ce qui précède, le caractère vectoriel de la lumière n'intervient pas et rien n'empêche d'appliquer le principe de l'holographie aux ondes longitudinales telles que les ondes acoustiques. La production d'ondes ultrasonores cohérentes est facile et par ailleurs il est possible « d'éclairer » de très grands objets avec les ultrasons. Des sources de ce type présentent un intérêt particulier en raison du remarquable pouvoir de pénétration des ondes acoustiques dans les corps opaques. On peut alors obtenir une image à trois dimensions de l'intérieur du corps ainsi éclairé.

L'holographie acoustique trouve des applications particulièrement intéressantes notamment en médecine, en géophysique, en métallurgie et même en archéologie. Les hologrammes acoustiques permettraient de reconstituer une image en trois dimensions de l'intérieur du corps humain. Le géophysicien pourrait voir l'intérieur de la terre et étudier le fond des océans par exemple.

Le principe de la formation d'un hologramme acoustique est donné par la figure 2.53. Les sources ultrasonores sont en S_1 et S_2. Ce sont deux sources alimentées par le même générateur ou deux générateurs couplés en phase. L'objet est en A. Les ondes issues de S_1 sont déformées à la traversée de l'objet A et elles interfèrent avec les ondes non déformées qui proviennent de la source cohérente S_2. Si les ondes se propagent à l'intérieur d'un liquide leurs interférences produisent un système de rides à la surface du liquide. La déformation de la surface liquide est en chaque point proportionnelle à l'intensité acoustique. La surface liquide constitue alors un véritable hologramme de phase et on peut le comparer aux hologrammes blanchis dont nous avons déjà parlé. Imaginons qu'en photographiant la surface liquide éclairée par une source lumineuse L, il soit possible d'obtenir sur la plaque et en chaque point une intensité lumineuse proportionnelle à la déformation du liquide. Après développement la photographie obtenue est un véritable hologramme optique. Éclairé par une source lumineuse cohérente il fournira une image à trois dimensions de l'intérieur et de l'extérieur de l'objet. Il faut noter que la longueur d'onde n'est pas la même à l'enregistrement (ondes ultrasonores) et à la reconstitution (ondes lumineuses); l'image semble alors plus éloignée de la surface que ne l'est l'objet et il apparaît des aberrations. On peut éliminer cet effet en réduisant le hologramme photographique dans un rapport qui soit aussi voisin que possible

(*) Référence 216.

de celui des longueurs d'onde. Avec des ultrasons de fréquence 50 MHz on a une longueur d'onde de l'ordre de 20 μ pour une vitesse de propagation dans le liquide de 1 200 m/s. Il faudrait donc diviser les dimensions du hologramme par 20 pour se retrouver pratiquement dans les conditions normales. Si la fréquence est de 10^5 Hz, la longueur d'onde est de l'ordre du centimètre et le rapport des longueurs d'onde devient considérable. Par ailleurs sur une surface de 20 cm de diamètre on aurait seulement un petit nombre de « franges » (ce nombre dépend aussi de l'angle des 2 faisceaux qui interfèrent) d'où une faible résolution à la reconstitution.

Dans une telle expérience un certain temps est nécessaire entre l'enregistrement et l'observation car il faut développer le cliché photographique constituant le hologramme optique. L'enregistrement et la reconstitution peuvent avoir lieu simultanément (holographie acoustique en temps réel) si on éclaire la surface du liquide avec un laser pendant l'expérience (fig. 2.54). On observe alors une image réelle (cas de figure) et une image virtuelle.

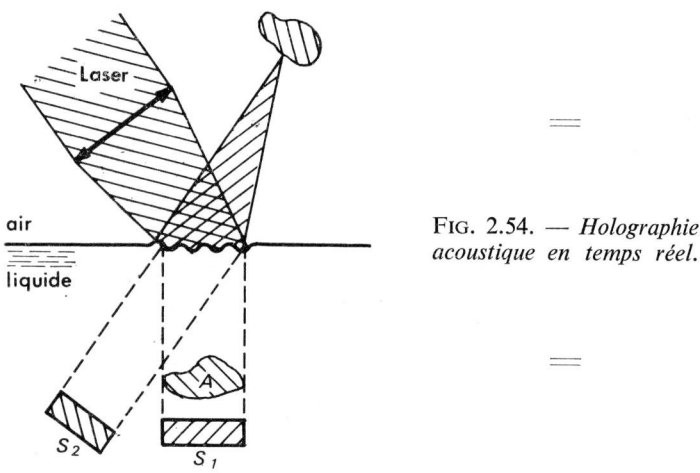

FIG. 2.54. — *Holographie acoustique en temps réel.*

Dans les expériences précédentes (fig. 2.53 et 2.54) le milieu dans lequel se produisent les ondes stationnaires est un liquide mais bien entendu, l'holographie acoustique s'applique aussi aux gaz. En holographie optique le hologramme reçoit nécessairement l'onde provenant de l'objet et l'onde de référence cohérente. *Cela n'est pas nécessaire en holographie acoustique où il est possible de supprimer l'onde acoustique de référence* car les sources ultrasonores sont excitées par un signal électrique et on peut simuler électriquement l'onde acoustique de référence. La figure 2.55 donne un schéma de principe. L'objet A est « éclairé » par la source sonore S_1 qui est excitée par le générateur G. Le détecteur M, un microphone par exemple est dans le plan du hologramme qui sera balayé point par point en déplaçant le détecteur M. Le signal électrique émis par M est reçu en B dans un amplificateur qui fait la somme de ce signal et du signal électrique S_2 fourni directement par le générateur G. C'est cette sommation électrique qui remplace les interférences dans le plan du hologramme. Le signal résultant module le faisceau d'un tube cathodique T, la position du spot étant liée à celle du détecteur M. Un appareil photographique P mis au point sur l'écran du tube cathodique permet d'enregistrer l'hologramme optique correspondant à l'hologramme acoustique. Il faut évidemment que le balayage soit très fin pour avoir une bonne résolution, ce qui est difficile à obtenir et par ailleurs l'objet A doit rester absolument fixe pendant la durée nécessairement longue du balayage.

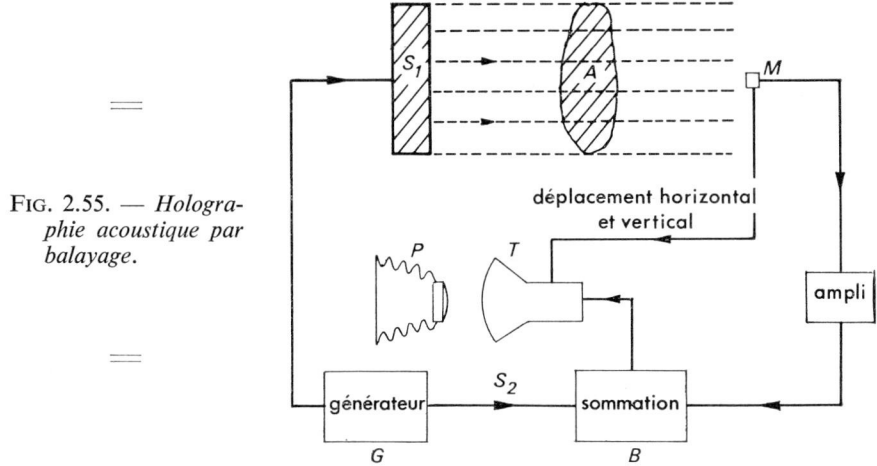

Fig. 2.55. — *Holographie acoustique par balayage.*

Il est possible d'obtenir des balayages assez rapides en utilisant un tube de télévision dans lequel l'écran a été remplacé par une lame de cristal piézoélectrique. Le cristal se trouve dans le plan de l'hologramme et il est balayé par le faisceau électronique. Il donne une tension qui est une fonction linéaire de l'amplitude des ultrasons qu'il reçoit en chaque point. Cette tension module l'intensité de l'émission secondaire produite par le faisceau de balayage. On ajoute le signal électrique qui sert de référence et après amplification le signal résultant est envoyé dans un tube cathodique sur lequel on observe l'image optique de l'hologramme acoustique. Comme le cristal doit supporter une pression de 1 atmosphère puisque le tube est sous vide, la surface utilisée du cristal est limitée à quelques centimètres carrés. On peut remarquer sur la figure 2.55 que rien n'est changé si on permute la source et le détecteur ce qui veut dire que l'hologramme acoustique peut être enregistré en un seul point de l'espace et en balayant l'objet par la source sonore.

CHAPITRE 3

FORMATION DES IMAGES EN HOLOGRAPHIE

3.1. — Enregistrement de la phase et de l'amplitude émise par une source ponctuelle (*).

Soit S une source ponctuelle (fig. 3.1) qui éclaire le plan η, ξ contenant la plaque photographique. La source S est située à la distance $SO = p$ de la plaque photographique. En plus de l'onde sphérique Σ issue de S, la plaque photographique η, ξ reçoit une onde cohérente Σ_R (fig. 3.2). On suppose que l'onde

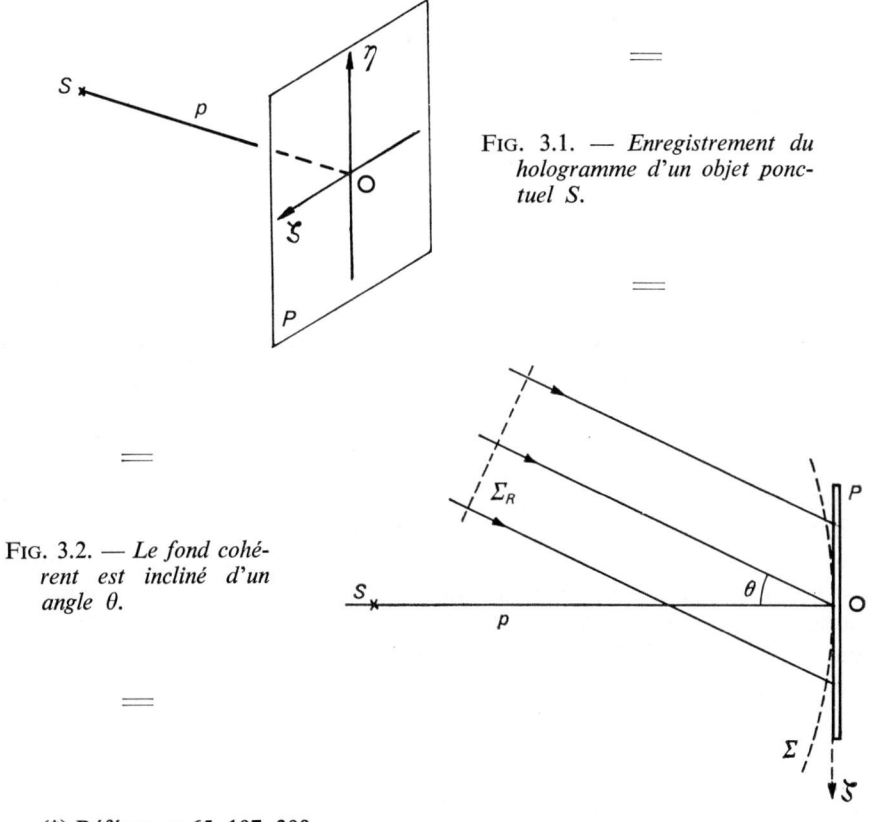

Fig. 3.1. — *Enregistrement du hologramme d'un objet ponctuel S.*

Fig. 3.2. — *Le fond cohérent est incliné d'un angle θ.*

(*) Références 65, 107, 300.

cohérente Σ_R est une onde plane. La normale NO à Σ_R, située dans le plan de la figure 3.2 fait l'angle θ avec SO. L'onde sphérique issue de S donne en un point quelconque η, ξ de la plaque photographique l'amplitude complexe $F(\eta, \xi)$ et l'onde cohérente Σ_R l'amplitude $a(\eta, \xi)$. L'onde cohérente Σ_R donne un éclairement $|a|^2$ constant dans le plan de la plaque photographique et on posera :

$$a(\eta, \xi) = a_0 e^{-jK\theta\xi} \qquad (3.1)$$

avec $K = \dfrac{2\pi}{\lambda}$ où λ est la longueur d'onde de la lumière utilisée et a_0 une constante.

En un point η, ξ la plaque photographique reçoit l'amplitude :

$$a(\eta, \xi) + F(\eta, \xi) \qquad (3.2)$$

et l'éclairement :

$$E = (a + F)(a^* + F^*) = |a|^2 + |F|^2 + a^*F + aF^* \qquad (3.3)$$

Les variations d'éclairement sur la plaque photographique η, ξ sont dues aux interférences des deux ondes Σ et Σ_R. Si le temps de pose est égal à T, l'énergie reçue par la plaque est :

$$\boldsymbol{W} = ET = T|a|^2 + T|F|^2 + Ta^*F + TaF^* \qquad (3.4)$$

Après développement, le négatif obtenu donne par transmission une amplitude qui est proportionnelle à $\boldsymbol{W}$ si on se trouve dans la région linéaire de la courbe $t_N = f(\boldsymbol{W})$ (fig. 3.3).

Il peut en être ainsi à la condition que les variations du produit $\boldsymbol{W} = ET$ ne s'écartent pas trop d'une valeur moyenne $\boldsymbol{W}_0$. Il faut donc que les franges d'interférences sur la plaque photographique soient peu contrastées, c'est-à-dire que les amplitudes des deux ondes Σ et Σ_R soient différentes. Si les amplitudes de Σ et Σ_R sont égales, la théorie des interférences montre, en effet, que les franges sombres sont parfaitement noires ($E = 0$). Le point représentatif sur la courbe de la figure 3.3 sort alors de la région linéaire. En se plaçant dans des conditions convenables, l'amplitude transmise par le négatif pourra s'écrire :

$$t_N = t_0 - \beta(\boldsymbol{W} - \boldsymbol{W}_0) \qquad (3.5)$$

où $\boldsymbol{W}_0$ représente une valeur moyenne de l'énergie reçue et par rapport à laquelle $\boldsymbol{W}$ ne doit pas trop s'écarter. L'amplitude t_0 correspond à $\boldsymbol{W} = \boldsymbol{W}_0$ et β est la pente de la courbe $t_N = f(\boldsymbol{W})$ dans la partie rectiligne. Posons :

$$\boldsymbol{W} = T|a|^2 \qquad (3.6)$$

D'après (3.4) on aura :

$$t_N = t_0 - \beta[T|F|^2 + Ta^*F + TaF^*] \qquad (3.7)$$

et si $\beta' = \beta T$:

$$t_N = t_0 - \beta'[|F|^2 + a^*F + aF^*] \quad (3.8)$$

Les deux derniers termes de l'expression entre crochets montrent que, grâce au fond cohérent Σ_R, l'amplitude et la phase de l'onde Σ contenues dans la fonction $F(\eta, \xi)$ émise par S ont été enregistrées par la plaque photographique.

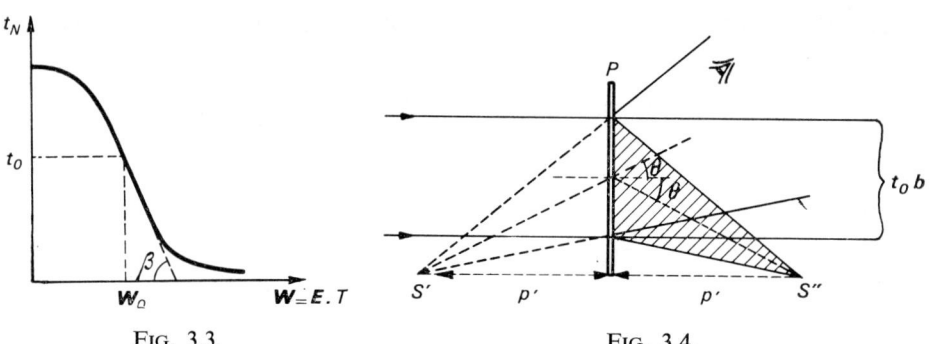

Fig. 3.3.   Fig. 3.4.

Fig. 3.3. — *Amplitude transmise par le négatif en fonction de l'énergie reçue (produit de l'éclairement* **E** *par le temps de pose* T).

Fig. 3.4. — *A la reconstitution, on obtient 2 images : l'une virtuelle* S', *l'autre réelle* S'''.

3.2. — Reconstitution de l'image de la source ponctuelle.

Éclairons le négatif obtenu précédemment (hologramme) par une onde donnant en η, ξ l'amplitude complexe $b(\eta, \xi)$. L'amplitude transmise par l'hologramme est :

$$b(\eta, \xi)t_N(\eta, \xi) = t_0 b - b\beta'[|F|^2 + a^*F + aF^*] \quad (3.9)$$

si l'onde de reconstitution est une onde plane uniforme, parallèle au plan du hologramme, b est une simple constante dans l'expression précédente. En explicitant $a(\eta, \xi)$ à l'aide de l'expression (3.1) on a dans ce cas :

$$bt_N = t_0 b - b\beta'|F|^2 - b\beta'a_0 F e^{jK\theta\xi} - b\beta'a_0 F^* e^{-jK\theta\xi} \quad (3.10)$$

Le premier terme $t_0 b$ représente à un facteur constant près, l'onde plane de reconstitution (fig. 3.4). C'est l'onde plane directement transmise. Le second terme $b\beta'|F|^2$ correspond à une faible variation de la transparence par suite de la présence de $|F|^2$. Ce terme donne lieu à une très faible diffraction de l'onde plane incidente de reconstitution. Pratiquement on peut confondre les deux termes $t_0 b$ et $b\beta'|F|^2$ avec l'onde directement transmise.

Le troisième terme $b\beta' a_0 F e^{jK\theta\xi}$ donne, au facteur près $b\beta' a_0 e^{jK\theta\xi}$ l'amplitude $F(\eta, \xi)$ produite par la source ponctuelle. On peut écrire :

$$F(\eta, \xi) = F_0 e^{jK\sqrt{p^2+\eta^2+\xi^2}} \qquad (3.11)$$

C'est donc une onde sphérique *divergente* provenant d'une image *virtuelle* de la source située à la distance p' du hologramme. Le facteur $e^{jK\theta\xi}$ indique que cette image S' se trouve dans une direction faisant l'angle θ avec la normale au hologramme.

Le quatrième terme $b\beta' a_0 F^* e^{-jK\theta\xi}$ est proportionnel à l'onde conjuguée $F^*(\eta, \xi)$ et on a :

$$F^*(\eta, \xi) = F_0 e^{-jK\sqrt{p^2+\eta^2+\xi^2}} \qquad (3.12)$$

Le quatrième terme correspond à une onde sphérique convergente produisant une image réelle de la source située à la distance p' du hologramme. Le facteur $e^{-jK\theta\xi}$ indique que cette image S'' se trouve dans une direction faisant l'angle θ avec la normale au hologramme.

3.3. — Cas d'un objet quelconque.

Un objet quelconque peut être considéré comme formé par un grand nombre de sources ponctuelles d'amplitudes et de phases déterminées. L'expression (3.2) sera remplacée par une expression de la forme :

$$a(\eta, \xi) + \sum F \qquad (3.13)$$

ΣF représentant la somme des amplitudes envoyées sur la plaque photographique par les différents points de l'objet agissant comme des sources ponctuelles. Après développement, l'amplitude t_N (3.8) transmise par le hologramme devient ici :

$$t_N = t_0 - \beta' \left[\sum F \sum F^* + a^* \sum F + a \sum F^* \right] \qquad (3.14)$$

A la reconstitution avec une onde plane parallèle au hologramme, l'expression (3.10) s'écrit maintenant :

$$b t_N = t_0 b - b\beta' \sum F \sum F^* - b\beta' a_0 e^{jK\theta\xi} \sum F - b\beta' a_0 e^{-jK\theta\xi} \sum F^* \qquad (3.15)$$

Le troisième terme reconstitue des images virtuelles de tous les points de l'objet (fig. 3.5). Il reconstitue une image virtuelle A' en trois dimensions de l'objet. Le quatrième terme reconstitue une image réelle A'' de l'objet mais cette image a certaines propriétés qui la rendent moins intéressante que l'image virtuelle. Si on veut la photographier directement, on constate que, pour des hologrammes de dimensions normales, la profondeur de champ est si petite qu'il est pratiquement impossible d'obtenir une photographie à moins de

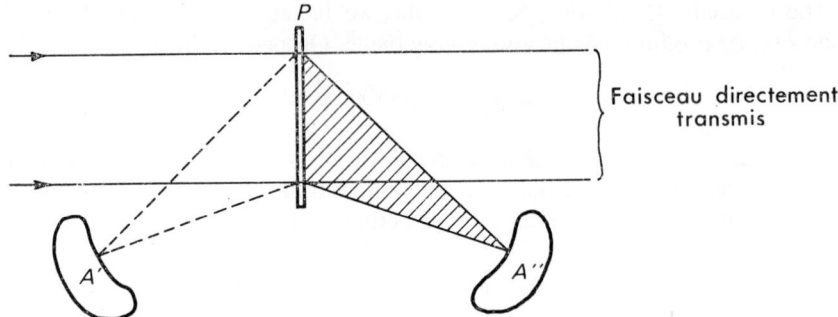

Fig. 3.5. — *Reconstitution dans le cas d'un objet diffusant quelconque.*

n'utiliser qu'une très petite portion du hologramme. Cet effet n'intervient pas lorsqu'on observe l'image virtuelle car c'est la pupille de l'œil qui diaphragme. Par ailleurs, les effets de parallaxe ne sont pas les mêmes que lorsqu'on regarde l'objet lui-même.

3.4. — Remarque sur l'étude des images données par un hologramme.

Dans ce qui précède, nous avons étudié la formation des images par le hologramme d'un objet quelconque à partir des images d'un point. Cela n'est pas nécessaire et le calcul peut se faire directement. Si $a(\eta, \xi)$ est l'amplitude complexe due au fond cohérent et $\mathcal{F}(\eta, \xi)$ l'amplitude complexe due à l'objet tout entier, la plaque photographique reçoit l'éclairement :

$$E = (a + \mathcal{F})(a^* + \mathcal{F}^*) \tag{3.16}$$

et l'énergie :

$$W = ET = T|a|^2 + T|\mathcal{F}|^2 + Ta^*\mathcal{F} + Ta\mathcal{F}^* \tag{3.17}$$

où T est le temps de pose. L'amplitude transmise t_N par le hologramme après développement est dans les conditions de linéarité habituelles :

$$t_N = t_0 - \beta'[|\mathcal{F}|^2 + a^*\mathcal{F} + a\mathcal{F}^*] \tag{3.18}$$

que l'on peut écrire d'après (3.1) :

$$t_N = t_0 - \beta'|\mathcal{F}|^2 - \beta' a_0 e^{jK\theta\xi}\mathcal{F} - \beta' a_0 e^{-jK\theta\xi}\mathcal{F}^* \tag{3.19}$$

Si le hologramme est éclairé par une onde plane uniforme b parallèle au plan du hologramme, l'amplitude transmise est donnée par :

$$bt_N = t_0 b - b\beta'|\mathcal{F}|^2 - b\beta' a_0 e^{jK\theta\xi} \cdot \mathcal{F} - b\beta' a_0 e^{-jK\theta\xi} \cdot \mathcal{F}^* \tag{3.20}$$

où b est une constante.

Les deux premiers termes donnent pratiquement un faisceau directement transmis. Le troisième terme reconstitue à un facteur constant près, l'amplitude produite par l'objet. Il reconstitue donc une image virtuelle A' de l'objet (fig. 3.5). Le quatrième terme reconstitue l'image réelle A''. Dans les calculs précédents, on n'a pas fait intervenir de l'épaisseur de l'émulsion. On sait (§ *2.12*) que, dans ce cas, le maximum de visibilité de l'image virtuelle est obtenue lorsque le hologramme est éclairé par une onde de reconstitution identique à l'onde utilisée lors de l'enregistrement. Pour observer convenablement l'image réelle, le hologramme doit être éclairé par l'onde conjuguée de l'onde ayant servi à l'enregistrement.

3.5. — *Géométrie de l'enregistrement des hologrammes et de la reconstitution des images* (*).

On considère un point source S (fig. 3.6) qui joue le rôle d'objet ponctuel et dont les coordonnées sont (p, η_0, ξ_0). L'onde cohérente est produite par

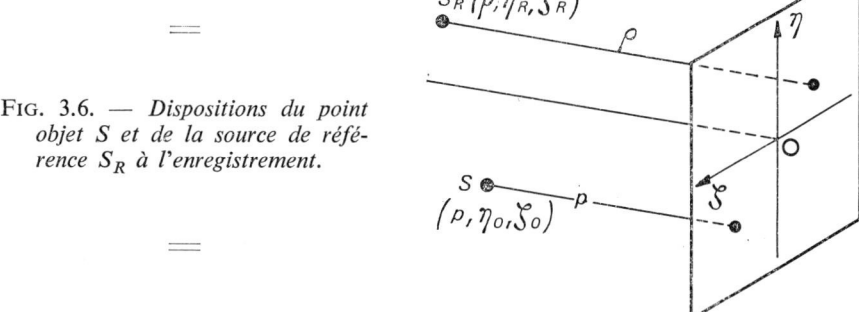

Fig. 3.6. — *Dispositions du point objet S et de la source de référence S_R à l'enregistrement.*

une source ponctuelle S_R dont les coordonnées sont (ρ, η_R, ξ_R). L'amplitude produite en un point η, ξ de la plaque photographique par l'objet ponctuel S est :

$$\frac{e^{j\frac{2\pi}{\lambda}\sqrt{p^2+(\eta-\eta_0)^2+(\xi-\xi_0)^2}}}{j\lambda p} \qquad (3.21)$$

on peut écrire :

$$\sqrt{p^2+(\eta-\eta_0)^2+(\xi-\xi_0)^2} \simeq p\left[1+\frac{1}{2}\left(\frac{\eta-\eta_0}{p}\right)^2+\frac{1}{2}\left(\frac{\xi-\xi_0}{p}\right)^2\right] \qquad (3.22)$$

(*) Références 107, 191.

et l'amplitude produite par S est :

$$\frac{e^{j\frac{2\pi p}{\lambda}}}{j\lambda p} \cdot e^{j\frac{\pi}{\lambda p}[(\eta-\eta_0)^2+(\xi-\xi_0)^2]} \qquad (3.23)$$

on écrira cette amplitude sous la forme :

$$F_0 e^{j\frac{\pi}{\lambda p}[(\eta-\eta_0)^2+(\xi-\xi_0)^2]} \qquad (3.24)$$

où F_0 est une constante complexe qui tient compte aussi de l'amplitude et de la phase de S. De même pour S_R qui produira au même point η, ξ de la plaque photographique une amplitude de la forme :

$$a_0 e^{j\frac{\pi}{\lambda p}[(\eta-\eta_R)^2+(\xi-\xi_R)^2]} \qquad (3.25)$$

où a_0 est une constante complexe qui tient compte aussi de l'amplitude et de la phase de S_R. L'amplitude totale reçue au point η, ξ par la plaque photographique est :

$$a_0 e^{j\frac{\pi}{\lambda p}[(\eta-\eta_R)^2+(\xi-\xi_R)^2]} + F_0 e^{j\frac{\pi}{\lambda p}[(\eta-\eta_0)^2+(\xi-\xi_0)^2]} \qquad (3.26)$$

d'où l'éclairement :

$$E = |a_0|^2 + |F_0|^2 + a_0^* F_0 e^{-j\frac{\pi}{\lambda p}[(\eta-\eta_R)^2+(\xi-\xi_R)^2]} e^{j\frac{\pi}{\lambda p}[(\eta-\eta_0)^2+(\xi-\xi_0)^2]}$$
$$+ a_0 F_0^* e^{j\frac{\pi}{\lambda p}[(\eta-\eta_R)^2+(\xi-\xi_R)^2]} e^{-j\frac{\pi}{\lambda p}[(\eta-\eta_0)^2+(\xi-\xi_0)^2]} \qquad (3.27)$$

Dans tout ce qui suit nous appellerons « image normale » celle qui correspond au troisième terme de (3.10) (ce terme reproduit l'amplitude $F(\eta, \xi)$ due à l'objet). Nous appellerons « image conjuguée » celle qui correspond au quatrième terme de (3.10) (ce terme reproduit l'amplitude $F^*(\eta, \xi)$).

L'amplitude t_N transmise par l'hologramme après développement est donnée par une expression analogue à (3.8). Les deux termes intéressants sont

$$\beta' a_0^* F_0 e^{-j\frac{\pi}{\lambda p}[(\eta-\eta_R)^2+(\xi-\xi_R)^2]} e^{j\frac{\pi}{\lambda p}[(\eta-\eta_0)^2+(\xi-\xi_0)^2]} \quad \text{(image normale)} \quad (3.28)$$

et

$$\beta' a_0 F_0^* e^{j\frac{\pi}{\lambda p}[(\eta-\eta_R)^2+(\xi-\xi_R)^2]} e^{-j\frac{\pi}{\lambda p}[(\eta-\eta_0)^2+(\xi-\xi_0)^2]} \quad \text{(image conjuguée)} \quad (3.29)$$

A la reconstitution, l'hologramme est éclairé par une onde sphérique provenant de la source ponctuelle S'_R dont les coordonnées sont ρ', η'_R, ξ'_R (fig. 3.7). La longueur d'onde λ' à la reconstitution étant différente de la longueur d'onde λ à l'enregistrement, cette onde de reconstitution peut s'écrire :

$$b_0 e^{j\frac{\pi}{\lambda' \rho'}[(\eta-\eta'_R)^2+(\xi-\xi'_R)^2]} \qquad (3.30)$$

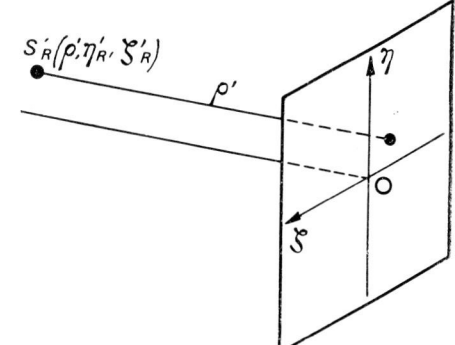

Fig. 3.7. — *Position de la source S'_R à la reconstitution.*

Les deux termes intéressants qui reconstituent les deux images sont obtenus en multipliant (3.28) et (3.29) par (3.30) :

$$\mathcal{A} = \beta' a_0^* b_0 F_0 e^{-j\frac{\pi}{\lambda\rho}[(\eta-\eta_R)^2+(\xi-\xi_R)^2]} e^{j\frac{\pi}{\lambda p}[(\eta-\eta_0)^2+(\xi-\xi_0)^2]} e^{j\frac{\pi}{\lambda'\rho'}[(\eta-\eta'_R)^2+(\xi-\xi'_R)^2]}$$

(image normale) (3.31)

$$\mathcal{A}' = \beta' a_0 b_0 F_0^* e^{j\frac{\pi}{\lambda\rho}[(\eta-\eta_R)^2+(\xi-\xi_R)^2]} e^{-j\frac{\pi}{\lambda p}[(\eta-\eta_0)^2+(\xi-\xi_0)^2]} e^{j\frac{\pi}{\lambda'\rho'}[(\eta-\eta'_R)^2+(\xi-\xi'_R)^2]}$$

(image conjuguée) (3.32)

Ces deux termes reconstituent deux images ponctuelles et représentent dans l'approximation considérée (3.22) deux ondes sphériques. Pour trouver les distances p' et p'' de ces deux images au hologramme, il suffit de comparer (3.31) et (3.32) à l'expression générale d'une onde sphérique émise par une source ponctuelle située à la distance p' du hologramme. Dans la même approximation, on peut écrire une telle onde sous la forme :

$$e^{j\frac{\pi}{\lambda'p'}(\eta^2+\xi^2)} \qquad (3.33)$$

p' étant la distance de l'image normale au hologramme. Groupons dans (3.31) et (3.32) les termes en $\eta^2 + \xi^2$. On a pour (3.31) :

$$e^{j\pi\left[-\frac{1}{\lambda\rho}+\frac{1}{\lambda p}+\frac{1}{\lambda'\rho'}\right](\eta^2+\xi^2)} \qquad (3.34)$$

en comparant (3.33) et (3.34), on obtient la distance p' de l'image normale :

$$\frac{1}{\lambda'p'} = -\frac{1}{\lambda\rho} + \frac{1}{\lambda p} + \frac{1}{\lambda'\rho'} \qquad (3.35)$$

De même pour l'image conjuguée (3.32) dont la distance p'' au hologramme est :

$$\frac{1}{\lambda'p''} = \frac{1}{\lambda\rho} - \frac{1}{\lambda p} + \frac{1}{\lambda'\rho'} \qquad (3.36)$$

ou encore

image normale :
$$\frac{1}{p'} = \frac{\lambda'}{\lambda}\left(\frac{1}{p} - \frac{1}{\rho}\right) + \frac{1}{\rho'} \qquad (3.37)$$

image conjuguée :
$$\frac{1}{p''} = \frac{\lambda'}{\lambda}\left(-\frac{1}{p} + \frac{1}{\rho}\right) + \frac{1}{\rho'} \qquad (3.38)$$

Pour avoir les deux autres coordonnées des images, il faut grouper les termes linéaires en η et ξ. En reprenant l'équation (3.24) et en ne gardant que les termes linéaires, on peut écrire :

$$e^{j\frac{2\pi}{\lambda'p'}(\eta_n\eta + \xi_n\xi)} \qquad (3.39)$$

η_n et ξ_n étant les coordonnées de l'image normale. En groupant les termes linéaires de (3.31) on aura :

$$e^{j\frac{2\pi}{\lambda\rho}(\eta\eta_R + \xi\xi_R)} e^{-j\frac{2\pi}{\lambda p}(\eta\eta_0 + \xi\xi_0)} e^{-j\frac{2\pi}{\lambda'\rho'}(\eta\eta'_R + \xi\xi'_R)} \qquad (3.40)$$

ou encore :

$$e^{j2\pi\left(\frac{\eta_R}{\lambda\rho} - \frac{\eta_0}{\lambda p} - \frac{\eta'_R}{\lambda'\rho'}\right)\eta} e^{j2\pi\left(\frac{\xi_R}{\lambda\rho} - \frac{\xi_0}{\lambda p} - \frac{\xi'_R}{\lambda'\rho'}\right)\xi} \qquad (3.41)$$

En identifiant les coefficients de η et ξ dans (3.39) et (3.41), on obtient :

$$\begin{cases} \eta_n = \frac{\lambda'}{\lambda}\left(\frac{p'}{\rho}\eta_R - \frac{p'}{p}\eta_0\right) - \frac{p'}{\rho'}\eta'_R & (3.42) \\ \xi_n = \frac{\lambda'}{\lambda}\left(\frac{p'}{\rho}\xi_R - \frac{p'}{p}\xi_0\right) - \frac{p'}{\rho'}\xi'_R \text{ (image normale)} & (3.43) \end{cases}$$

de même pour l'image conjuguée en comparant

$$e^{j\frac{2\pi}{\lambda'p''}(\eta_c\eta + \xi_c\xi)} \qquad (3.44)$$

à (3.32), η_c et ξ_c étant les coordonnées de l'image conjuguée. On trouve :

$$\begin{cases} \eta_c = \frac{\lambda'}{\lambda}\left(-\frac{p'}{\rho}\eta_R + \frac{p'}{p}\eta_0\right) - \frac{p'}{\rho'}\eta'_R & (3.45) \\ \xi_c = \frac{\lambda'}{\lambda}\left(-\frac{p'}{\rho}\xi_R + \frac{p'}{p}\xi_0\right) - \frac{p'}{\rho'}\xi'_R \text{ (image conjuguée)} & (3.46) \end{cases}$$

Si on donne à η_0 un accroissement $\Delta\eta_0$ et à ξ_0 un accroissement $\Delta\xi_0$, il en résulte des accroissements $\Delta\eta_n$ et $\Delta\xi_n$ pour l'image normale. On a :

$$\begin{cases} \Delta\eta_n = -\frac{\lambda'}{\lambda}\frac{p'}{p}\Delta\eta_0 & (3.47) \\ \Delta\xi_n = -\frac{\lambda'}{\lambda}\frac{p'}{p}\Delta\xi_0 \text{ (image normale)} & (3.48) \end{cases}$$

donc, lorsqu'on passe de l'enregistrement, c'est-à-dire de l'objet lui-même à la reconstitution de l'image normale on a un grandissement G donné au signe près par :

$$G = \frac{\Delta \eta_n}{\Delta \eta_0} = \frac{\Delta \xi_n}{\Delta \xi_0} = \frac{\lambda'}{\lambda} \frac{p'}{p} \qquad (3.49)$$

et, d'après (3.37) on obtient :

$$G = \left[1 - \frac{p}{\rho} + \frac{\lambda}{\lambda'} \frac{p}{\rho'} \right]^{-1} \qquad (3.50)$$

Pour l'image conjuguée, seul le signe du dernier terme est changé. La formule (3.50) montre que le grandissement est égal à 1 lorsque la source cohérente S_R à l'enregistrement et la source S'_R à la reconstitution sont à l'infini ($\rho = \rho' = \infty$). Il en est de même si $\lambda = \lambda'$ avec $\rho = \rho'$ pour l'image normale et $\rho = -\rho'$ pour l'image conjuguée. La formule (3.50) est très importante, comme nous l'avons déjà dit, car elle montre la possibilité d'obtenir des grandissements considérables en prenant une longueur d'onde à la reconstitution beaucoup plus grande que la longueur d'onde utilisée à l'enregistrement.

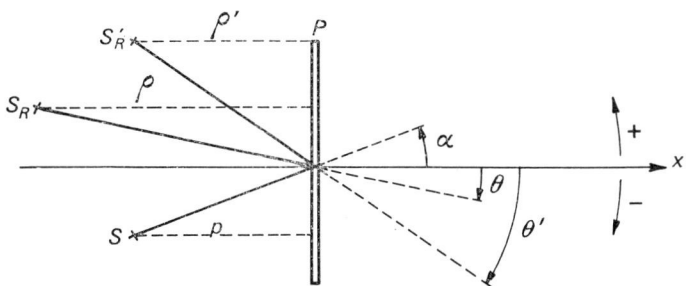

FIG. 3.8. — *Repérage des directions correspondant au point objet S, à la source de référence S_R (enregistrement) et à la source d'éclairage S'_R (restitution)*

En définissant les directions de l'objet S (fig. 3.8), de la source de référence à l'enregistrement S_R et de la source d'éclairage à la restitution S'_R respectivement par α, θ, θ' on a les relations suivantes :

image normale $\qquad \alpha' = \frac{\lambda'}{\lambda} (\alpha - \theta) + \theta' \qquad (3.51)$

image conjuguée $\qquad \alpha'' = \frac{\lambda'}{\lambda} (-\alpha + \theta) + \theta' \qquad (3.52)$

α' et α'' sont les directions de l'image normale et de l'image conjuguée. Les angles sont comptés positivement dans le sens direct. Pour retrouver ces formules il suffit d'introduire les inclinaisons dans les exponentielles.

3.6. — *Interférométrie par holographie* (*).

Considérons un objet transparent A éclairé en faisceau parallèle (fig. 3.9). La plaque photographique P est éclairée par la lumière qui traverse A et par l'onde cohérente Σ_R comme en holographie ordinaire. Soit $F_1(\eta, \xi)$ l'amplitude complexe produite en un point η, ξ de la plaque photographique par l'onde Σ_1 qui a traversé l'objet A. Au même point η, ξ l'onde cohérente Σ_R produit l'amplitude $a(\eta, \xi)$. Effectuons une pose dans ces conditions. La plaque reçoit l'éclairement :

$$E_1 = (a + F_1)(a^* + F_1^*) = |a|^2 + |F_1|^2 + a^*F_1 + aF_1^* \qquad (3.53)$$

et si le temps de pose est T_1, elle reçoit l'énergie :

$$W_1 = T_1 E_1 = T_1|a|^2 + T_1|F_1|^2 + T_1 a^* F_1 + T_1 a F_1^* \qquad (3.54)$$

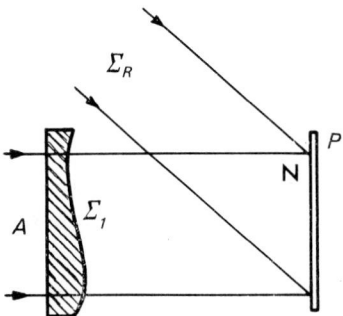 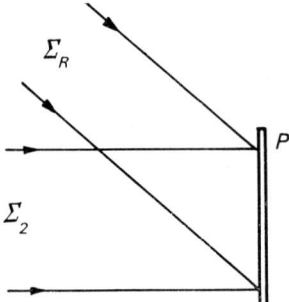

FIG. 3.9. — *Première pose, l'objet déphasant A est en place.*

FIG. 3.10. — *Deuxième pose, l'objet est enlevé.*

Sans développer on effectue une deuxième pose en enlevant l'objet A (fig. 3.10).

La plaque P reçoit maintenant une onde plane Σ_2 plus l'onde cohérente Σ_R. Si l'onde plane Σ_2 (objet A enlevé) produit au point η, ξ de la plaque photographique l'amplitude $F_2(\eta, \xi)$ la plaque reçoit l'éclairement :

$$E_2 = (a + F_2)(a^* + F_2^*) = |a|^2 + |F_2|^2 + a^*F_2 + aF_2^* \qquad (3.55)$$

et l'énergie :

$$W_2 = T_2 E_2 = T_2|a|^2 + T_2|F_2|^2 + T_2 a^* F_2 + T_2 a F_2^* \qquad (3.56)$$

(*) Références citées au § 2.14.

où T_2 est le temps d'exposition de cette deuxième pose. Au total la plaque reçoit l'énergie :

$$W = W_1 + W_2 \qquad (3.57)$$

En se plaçant dans la région linéaire de la courbe de la figure 3.3, l'amplitude t_N transmise par le hologramme après développement est donnée par l'expression (3.6) qui s'écrit ici :

$$t_N = t_0 - \beta\left[T_1|F_1|^2 + T_2|F_2|^2 + a^*(T_1F_1 + T_2F_2) + a(T_1F_1^* + T_2F_2^*)\right] \qquad (3.58)$$

Si on éclaire le hologramme par l'onde $a(\eta, \xi)$, l'image normale (troisième terme de l'expression entre crochets) va reconstruire la somme $T_1F_1 + T_2F_2$. On aura deux images virtuelles correspondant à T_1F_1 et à T_2F_2 et ces deux images peuvent interférer. Si l'objet A est par exemple une lame d'épaisseur variable e et d'indice de réfraction n, on observera les variations du chemin optique $(n-1)e$. Le fait remarquable de l'expérience est donc le suivant : *les deux ondes F_1 et F_2 enregistrées à des instants différents sont néanmoins capables d'interférer.*

De même en éclairant le hologramme par une onde $a^*(\eta, \xi)$, le quatrième terme de l'expression entre crochets (3.58) va reconstruire deux images réelles $T_1F_1^*$ et $T_2F_2^*$ qui vont interférer. Les résultats précédents sont généraux. Avec le même fond cohérent Σ_R effectuons N poses successives sur la même plaque photographique avec un objet différent à chaque pose. Dans la première pose, la plaque reçoit l'amplitude $F_1(\eta, \xi)$, dans la deuxième pose l'amplitude $F_2(\eta, \xi)$, etc. L'expression (3.58) s'écrira maintenant :

$$t_N = t_0 - \beta\left[\sum_1^N T|F|^2 + a^*\sum_1^N TF + a\sum_1^N TF^*\right] \qquad (3.59)$$

si le hologramme est éclairé par l'onde $a(\eta, \xi)$ le terme $a^*\sum_1^N TF$ montrera les interférences de N images virtuelles T_1F_1, T_2F_2... Si le hologramme est éclairé par l'onde $a^*(\eta, \xi)$ le terme $a\sum_1^N TF^*$ montrera les interférences de N images réelles $T_1F_1^*, T_2F_2^*$, etc. Il faut noter que, pour voir la surface entière de l'objet transparent A dans l'expérience de la figure 3.8, il est nécessaire d'utiliser toute la surface du hologramme à la reconstruction. L'objet A est en effet un objet transparent et non pas un objet diffusant ; dans ces conditions un point quelconque M (fig. 3.8) n'envoie de la lumière que dans la région N correspondant pratiquement au rayon géométrique. L'observation de l'image virtuelle pourra se faire suivant le schéma de la figure 2.39.

3.7. — Interférométrie par holographie avec utilisation de verres dépolis (*).

Considérons un objet transparent A (fig. 3.11) éclairé par un faisceau parallèle. L'objet A est par exemple une lame de verre à faces parallèles présentant des irrégularités d'épaisseur. Après l'objet A on place un verre dépoli D puis à une certaine distance une plaque photographique P sur laquelle l'hologramme sera enregistré. Σ_R est le fond cohérent qui arrive directement sur P.

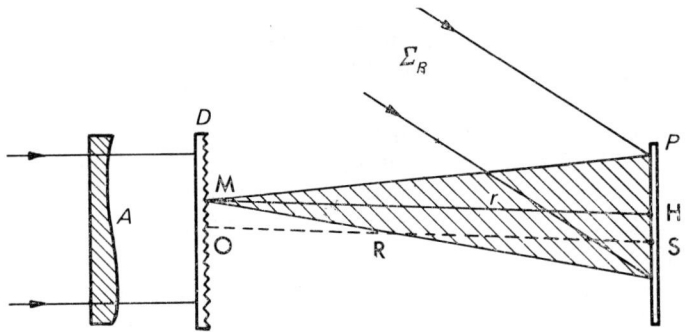

Fig. 3.11. — *Interférométrie à l'aide d'un écran diffusant D.*

Soit M un point quelconque du dépoli et H un point quelconque du plan P. Dans tout ce qui suit, on suppose que la distance qui sépare D et P est grande par rapport aux dimensions latérales de D et P. Le point H étant considéré comme fixe et le point M pouvant occuper une position quelconque sur le dépoli, nous voulons calculer l'amplitude diffractée en P par le dépoli. Par suite des variations d'épaisseur de D, la position du point M fluctue autour d'un plan moyen dont la distance à P est R. Si en M la distance de ce plan moyen à H est r, on aura :

$$\overline{MH} = r + \delta \tag{3.60}$$

où δ représente l'action du dépoli. En l'absence de l'objet A, l'amplitude diffractée en H par M peut s'écrire, d'après le principe d'Huyghens-Fresnel, sous la forme simplifiée :

$$\frac{e^{jKr + j\Phi}}{j\lambda R} \tag{3.61}$$

où $\Phi = K\delta$ représente les fluctuations de phase dues au dépoli. Si l'objet A

(*) Références 24, 191.

est interposé, il introduit un déphasage supplémentaire φ en M et l'amplitude diffractée en H est :

$$\frac{e^{j(\varphi+\Phi)}e^{jKr}}{j\lambda R} \qquad (3.62)$$

et l'amplitude totale en H due au dépoli :

$$F_1(\eta, \xi) = \frac{1}{j\lambda R}\iint e^{j(\varphi+\Phi)}e^{jKr}dydz \qquad (3.63)$$

Si $a(\eta, \xi)$ est l'amplitude complexe en H due à l'onde cohérente Σ_R la plaque photographique reçoit l'éclairement :

$$E_1 = (a + F_1)(a^* + F_1^*) = |a|^2 + |F_1|^2 + a^*F_1 + aF_1^* \qquad (3.64)$$

Enlevons l'objet A et prenons un deuxième hologramme. L'amplitude en P due au dépoli est :

$$F_2(\eta, \xi) = \frac{1}{j\lambda R}\iint e^{j\Phi}e^{jKr}dydz \qquad (3.65)$$

la plaque photographique reçoit l'éclairement :

$$E_2 = (a + F_2)(a^* + F_2^*) = |a|^2 + |F_2|^2 + a^*F_2 + aF_2^* \qquad (3.66)$$

Si les deux poses ont la même durée d'exposition T, l'énergie reçue par la plaque est $W = (E_1 + E_2)T$. En se plaçant comme d'habitude dans la partie linéaire de la courbe de la figure 3.3 l'amplitude transmise par l'hologramme après développement est :

$$t_N = t_0 - \beta'\left[|F_1|^2 + |F_2|^2 + a^*(F_1 + F_2) + a(F_1^* + F_2^*)\right] \qquad (3.67)$$

le troisième terme de l'expression entre crochets reconstitue une image virtuelle du dépoli dont nous étudions la structure. D'après (3.63) et (3.65) on a :

$$F_1 + F_2 = \frac{1}{j\lambda R}\iint(1 + e^{j\varphi})e^{j\Phi}e^{jKr}dydz \qquad (3.68)$$

on reconstitue le dépoli avec, en chaque point, une amplitude donnée à un facteur constant près par :

$$\mathcal{A} = (1 + e^{j\varphi})e^{j\Phi} \qquad (3.69)$$

d'où une intensité :

$$I = \mathcal{A}\mathcal{A}^* = \cos^2\frac{\varphi}{2} \qquad (3.70)$$

on voit donc se projeter sur le dépoli une figure d'interférence caractéristique des irrégularités d'épaisseur de l'objet A. Si n est l'indice de réfraction de la lame et e son épaisseur, les franges d'interférences dessinent les lignes $(n - 1)e =$ constante.

L'avantage sur la méthode ordinaire sans dépoli est la possibilité d'utiliser une partie quelconque du hologramme. En effet, chaque point M du dépoli envoie de la lumière diffractée sur tout le hologramme et on peut restituer le point M, c'est-à-dire le dépoli sans être obligé d'utiliser toute la surface du hologramme comme c'est le cas en lumière dirigée (méthode ordinaire sans dépoli (§ 3.6). L'image virtuelle peut donc s'observer directement à l'œil sans lentille auxiliaire. On peut noter que si la lumière diffractée par le dépoli est dépolarisée, l'onde cohérente provenant directement du laser étant polarisée, il est néanmoins inutile de polariser la lumière émise par le dépoli en plaçant un polariseur après ce dernier. En effet, la vibration polarisée due au fond cohérent peut être décomposée sur deux directions perpendiculaires et à 45° de la vibration polarisée. Les deux directions perpendiculaires étant celles de la lumière naturelle due au verre dépoli. On enregistrera sur le hologramme deux phénomènes identiques et incohérents. Mais à la restitution, ils seront cohérents et le phénomène sera parfaitement observable.

Enfin, il est possible de placer l'objet transparent entre le dépoli et le hologramme comme le montre la figure 3.12. A la reconstitution, l'œil diaphragme le hologramme de sorte que si on observe l'image virtuelle, en chaque point de l'image du dépoli, la différence de marche est suffisamment bien déterminée.

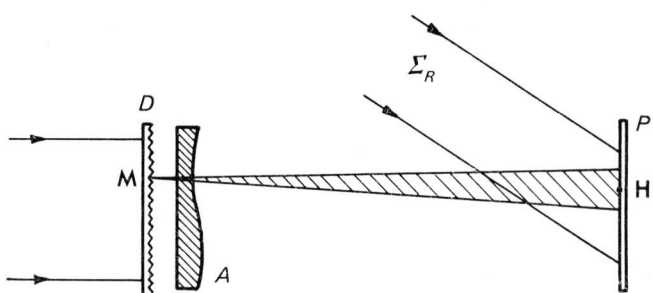

Fig. 3.12. — *L'objet déphasant est placé entre le diffuseur et la plaque photographique.*

3.8. — *Interférométrie par holographie à l'aide d'écrans diffusants à haut facteur de transmission.*

J. M. Burch (*) a réalisé le premier interféromètre utilisant des diffuseurs à haut facteur de transmission. L'application de ces diffuseurs en interféro-

---

(*) Burch, J. M., Interferometry. NPL Symposium n° 11, London, HM Stationery Office, 277-278 (1960). Burch, J. M., Gates, J. W., Hall, R. G. N. et Tanner, L. H., Holography with a scatter-plate as beam splitter and a pulsed ruby laser as light source. *Nature*, vol. **212**, n° 5068, 1347-1348 (1966).
Référence 98.

métrie par holographie est particulièrement intéressante. Le montage étudié par J. W. Gates est indiqué sur la figure 3.13. Le diffuseur D est au foyer de l'objectif O_1 et une plaque photographique P au foyer de l'objectif O_2. Le faisceau directement transmis par D donne en L dans le plan focal de O_1 une image de la source. Cette image est elle-même au foyer de l'objectif O_2.

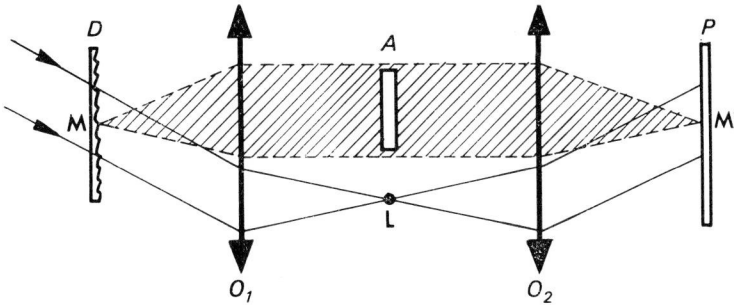

Fig. 3.13. — *Interférométrie avec écran diffusant à haut facteur de transmission.*

Un point quelconque tel que M de D diffuse de la lumière qui couvre l'objet transparent A à étudier. La plaque P enregistre donc l'hologramme de A avec L comme source cohérente de référence. On fait une pose avec l'objet A et une deuxième pose sans objet. L'hologramme obtenu montre les variations de chemin optique de l'objet. On peut opérer différemment (interféromètre en temps réel) en prenant l'hologramme sans l'objet. Après développement, l'hologramme est replacé dans la même position qu'au moment de l'enregistrement. Si l'objet est interposé dans le montage, on observe directement les variations de chemin optique. Enregistrons l'hologramme avec l'objet et replaçons l'hologramme dans la même position sans enlever l'objet. On observe cette fois les variations de l'objet entre le moment où l'on a enregistré l'hologramme et l'instant de l'observation.

L'holographie de Gabor (*) permet aussi de réaliser des montages intéressants que nous allons indiquer.

Sous sa forme originale proposée par Gabor, l'holographie n'utilisait pas le principe du fond cohérent incliné de Leith et Upatnieks. La figure 3.14 montre le principe de l'enregistrement d'un hologramme de Gabor. L'objet A est un objet d'amplitude éclairé par un faisceau de lumière cohérente. La partie la plus importante de la lumière incidente traverse l'objet A comme si celui-ci n'existait pas. Une partie, plus faible, est diffractée par les irrégularités d'amplitude qui constituent à proprement parler l'objet. La lumière qui traverse directement l'objet constitue l'onde cohérente analogue à l'onde Σ_R des figures

---

(*) Références 58, 59.

précédentes (3.2, 3.8, 3.10, 3.11) mais elle n'est pas séparée de l'objet. Elle interfère avec la lumière diffractée par les différents points, tels que M, de l'objet A. Après développement si on éclaire l'hologramme par un faisceau de lumière parallèle normal, comme à l'enregistrement (fig. 3.15) on trouve deux images, l'une virtuelle A', l'autre réelle A'', ces deux images étant symétriques l'une de l'autre par rapport à l'hologramme (*).

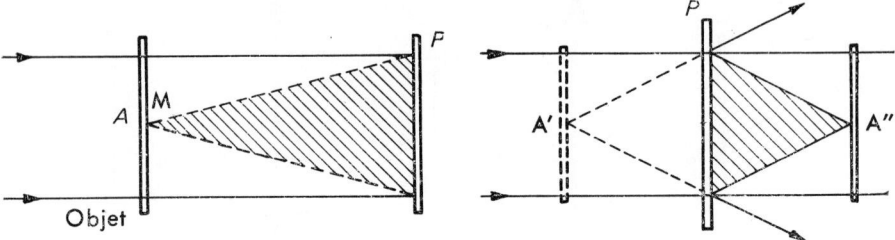

FIG. 3.14. — *Enregistrement d'un hologramme de* GABOR *de l'objet A.*

FIG. 3.15. — *Reconstitution des 2 images A' et A''.*

L'observation de l'une de ces images est gênée par l'autre et c'est là l'une des raisons qui limitent l'emploi des hologrammes de Gabor. Nous allons voir toutefois que, dans le cas de l'interférométrie, les hologrammes de Gabor trouvent une application simple et intéressante.

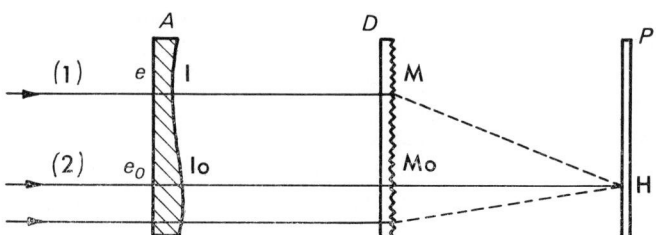

FIG. 3.16. — *Interférométrie lorsque le fond cohérent traverse l'objet.*

La figure 3.16 donne le schéma de principe de l'expérience. Un diffuseur en amplitude D est éclairé en faisceau parallèle et on place à une certaine distance une plaque photographique P. L'objet déphasant à étudier, par exemple une lame de verre A d'épaisseur variable, est interposée sur le trajet des rayons parallèles avant D. Le diffuseur D est ici un diffuseur aléatoire en *amplitude*. On peut l'obtenir de la façon suivante (fig. 3.17) : un verre dépoli D_0 est éclairé par un faisceau de lumière cohérente et on place à une certaine distance, par exemple 30 à 40 cm, une plaque photographique P_0. Après développement

(*) Voir § *3.10*.

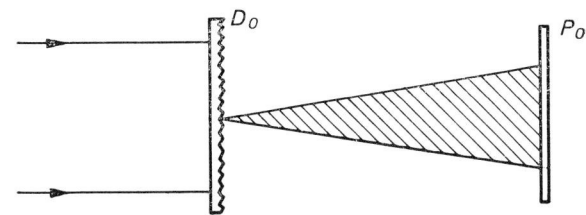

Fig. 3.17. — *Obtention du diffuseur utilisé dans l'expérience de la fig. 3.16.*

la plaque P_0 donne un négatif caractérisé par de fines variations d'amplitude. C'est ce négatif qui constitue le diffuseur D dans l'expérience de la figure 3.16.

Supposons tout d'abord la plaque photographique limitée à une petite région entourant le point H quelconque. La lumière qui arrive en H après avoir traversé directement D constitue l'onde cohérente. Elle est représentée schématiquement par le rayon M_0H. La lumière diffusée par un point quelconque M est représentée par le rayon MH. Effectuons une seule pose. Après développement, on reconstitue deux images du diffuseur D comme dans l'holographie de Gabor. Opérons différemment en faisant deux poses successives, l'une avec l'objet A en place, l'autre sans l'objet A. Après développement, on va reconstituer deux images virtuelles superposées du diffuseur et deux images réelles qui seront aussi superposées. Observons « l'image » virtuelle sans nous préoccuper pour l'instant de « l'image » réelle.

Dans la première pose on fait interférer en H le rayon MH qui a traversé A en I où l'épaisseur est e et le rayon M_0H qui a traversé A en I_0 où l'épaisseur est e_0. Dans la deuxième pose, les deux rayons MH et M_0H ont traversé la même épaisseur d'air puisque l'objet est enlevé. *Donc la phase de l'onde cohérente n'est pas la même dans les deux poses.* A la reconstitution, si l'œil est placé en H, il voit en M les interférences entre deux ondes dont la différence de marche est $(n-1)(e-e_0)$ où n est l'indice de la lame A. Ici la différence de marche ne fait pas intervenir l'épaisseur de la lame A mais seulement la différence entre l'épaisseur correspondant au point d'observation, M par exemple, et l'épaisseur correspondant au point M_0 déterminé par la région H où se trouve l'œil. En M_0 la différence de marche est nulle et on peut à la reconstitution *éclairer le hologramme en lumière blanche.* Des franges colorées sont visibles au voisinage de M_0. Elles s'étalent plus ou moins sur toute la surface de D suivant la qualité de la lame. Il faut noter qu'à la reconstitution la position de l'image observée varie avec la longueur d'onde. Comme le montre la formule 3.37 la position longitudinale de l'image varie comme λ/λ' si λ est la longueur d'onde utilisée à l'enregistrement et λ' la longueur d'onde utilisée à la reconstitution. Dans le domaine des radiations efficaces pour l'œil, cette variation, de l'ordre de 30 %, est faible.

Dans ce qui précède, nous avons considéré seulement une petite région H du hologramme. Si toute la surface du hologramme P (fig. 3.16) est éclairée, on peut choisir une région H quelconque du hologramme pour l'observation, mais cette région doit être petite. La différence de marche $(n-1)(e-e_0)$ varie en effet avec la région H choisie pour l'observation.

Soit $F_A(\eta, \xi)$ l'amplitude diffusée en H par M lorsque l'objet A est présent et $F(\eta, \xi)$ l'amplitude diffusée en H par M sans l'objet. On a :

$$F_A(\eta, \xi) = e^{jK(n-1)e} F(\eta, \xi) \tag{3.71}$$

Si a_0 est l'amplitude en H due au faisceau directement transmis par M_0 sans que l'objet soit présent, l'amplitude a_A en H due à ce même faisceau mais en présence de l'objet sera :

$$a_A = a_0 e^{jK(n-1)e_0} \tag{3.72}$$

Dans la première pose, lorsque l'objet est présent et en ne considérant que M_0 et M pour simplifier l'écriture, l'éclairement en H est :

$$E_1 = (F_A + a_A)(F_A^* + a_A^*) = |a_A|^2 + |F_A|^2 + a_A^* F_A + a_A F_A^* \tag{3.73}$$

Dans la deuxième pose, l'éclairement reçu est, a_0 étant une constante réelle :

$$E_2 = (F + a_0)(F^* + a_0) = a_0^2 + |F|^2 + a_0 F + a_0 F^* \tag{3.74}$$

D'après (3.71) et (3.72) l'éclairement total reçu en H est :

$$E = E_1 + E_2 = 2(a_0^2 + |F|^2) + a_0 F[1 + e^{jK(n-1)(e-e_0)}] + a_0 F^*[1 + e^{-jK(n-1)(e-e_0)}] \tag{3.75}$$

A cet éclairement correspond l'énergie $W = ET$ si le temps d'exposition T est le même dans les deux poses. Pour être dans les conditions de linéarité habituelles, il faut que $a_0^2 \gg |F|^2$ ce qui est réalisé expérimentalement. Dans ces conditions, après développement, l'amplitude transmise par l'hologramme est :

$$t_N = t_0 - \beta' \left\{ a_0 F[1 + e^{jK(n-1)(e-e_0)}] + a_0 F^*[1 + e^{-jK(n-1)(e-e_0)}] \right\} \tag{3.76}$$

où t_0 représente le faisceau directement transmis.

L'image virtuelle du point M c'est-à-dire du diffuseur est reconstituée par le terme :

$$a_0 F[1 + e^{jK(n-1)(e-e_0)}] \tag{3.77}$$

en un point M quelconque de l'image, l'intensité sera, à un facteur constant près :

$$I = \cos^2 \left[\frac{K(n-1)(e-e_0)}{2} \right] \tag{3.78}$$

On a donc une méthode interférométrique très simple permettant d'utiliser la lumière blanche. Un calcul simple montre que *la qualité optique des supports du diffuseur D et de la plaque P n'intervient pas.*

Il faut voir maintenant comment éliminer l'image réelle constituée par le dernier terme de l'expression (3.76) et aussi le faisceau directement transmis représenté par t_0 qui est de la lumière parasite. A la reconstitution, on a deux figures d'interférences, l'une virtuelle A', l'autre réelle A'' symétriques par rapport à l'hologramme P (fig. 3.18). Si on place l'œil en H, par exemple au

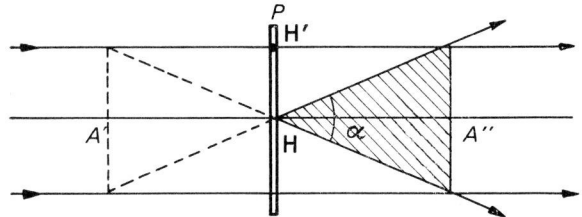

Fig. 3.18. — *Les 2 images A' et A'' sont des figures d'interférences.*

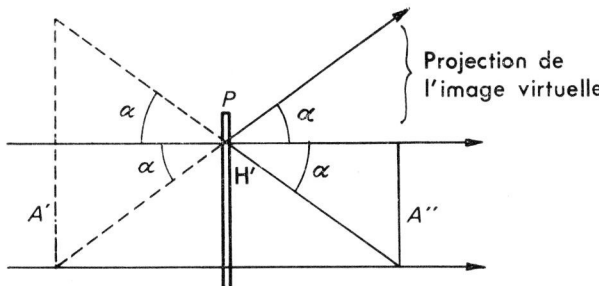

Fig. 3.19. — *Séparation des images et observation de l'image virtuelle.*

milieu de l'hologramme, les deux images sont vues sous le même angle α mais elles ne sont pas au point en même temps. Si l'œil est en H' au bord de l'hologramme, la figure 3.19 montre que les deux images se juxtaposent. Dans cette position, le faisceau direct se propage au voisinage du rayon $H'x$ juste entre les deux images. La figure 3.20 montre la disposition des images A'_0 (de A')

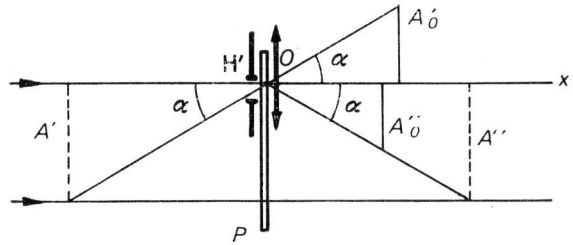

Fig. 3.20. — *Disposition des images lorsqu'on utilise un objectif O.*

et A_0'' (de A'') lorsqu'on utilise un objectif O. L'objectif O est diaphragmé et sa position telle que, seuls les rayons qui arrivent au voisinage de H puissent pénétrer dans l'objectif. L'aspect du champ est celui de la figure 3.21. L'image réelle A'' ne gêne pas l'observation de l'image virtuelle A' et le faisceau directement transmis se localise en H' trace que le plan de la figure 3.21, du rayon H'x de la figure 3.20. On observe en H' un point brillant. Les deux figures A' et A'' dans la disposition de la figure 3.21 sont symétriques par rapport à H'. Elles sont pratiquement au point toutes les deux si la focale de l'objectif O est petite par rapport à la distance de A' et A'' au hologramme P.

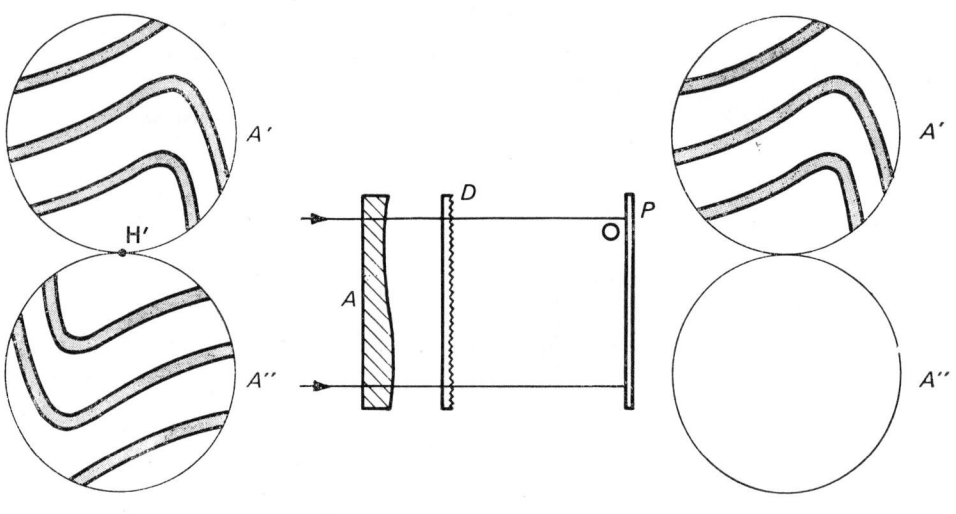

Fig. 3.21.   Fig. 3.22.   Fig. 3.23.

Fig. 3.21. — *Aspect du champ d'observation (A' image virtuelle, A" image réelle).*

Fig. 3.22. — *Interféromètre en temps réel composé d'un diffuseur D et du hologramme de Gabor P de ce diffuseur.*

Fig. 3.23. — *Aspect du champ d'observation. L'image réelle ne donne pas d'interférences et apparaît uniforme.*

Une variante intéressante de cette expérience permet de réaliser un interféromètre en temps réel très simple (fig. 3.22). Le dispositif est constitué seulement par deux éléments : un diffuseur D analogue au précédent et le hologramme de Gabor P de ce diffuseur. Le diffuseur et le hologramme occupent exactement la même position que lors de l'enregistrement du hologramme. Interposons un objet transparent A avant le diffuseur D, l'ensemble étant éclairé par un faisceau parallèle de lumière monochromatique. Pour l'observation, on utilise comme précédemment le bord O du hologramme. On voit les deux images A' et A'' (fig. 3.23) correspondant à l'image virtuelle et à l'image réelle. En reprenant le calcul précédent, on trouve facilement que l'image A' montre les franges $(n - 1)(e - e_0) = $ Cte. Par contre, l'image A'' ne donne lieu à aucun phénomène d'interférence et apparaît uniforme. On peut noter que l'objet étant « en dehors » de l'interféromètre, il est possible d'étudier des objets d'épaisseur considérable.

3.9. — *Holographie des objets en mouvement* (*).

Considérons l'expérience de la figure 3.24. Pour simplifier, l'objet est une source ponctuelle S_0. La source S_0 éclaire la plaque photographique η, ξ qui reçoit directement l'onde cohérente Σ_R. Pendant l'enregistrement, la source

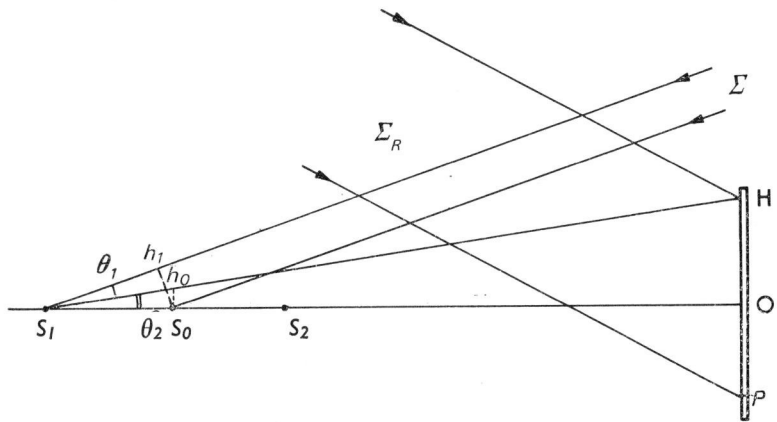

FIG. 3.24. — *Enregistrement du hologramme d'un objet en mouvement.*

ponctuelle S_0 se déplace et nous voulons étudier les phénomènes à la reconstitution. En un point H quelconque de coordonnées η, ξ l'amplitude émise par le point S_0 peut s'écrire sous la forme :

$$\frac{e^{jK \cdot \overline{S_0 H}}}{j\lambda \cdot \overline{S_0 H}} \tag{3.79}$$

Le point S_0, qui peut être un point d'un objet diffusant, est éclairé par une onde Σ faisant l'angle θ_1 avec la direction S_0O. On suppose que le point S_0

(*) Références citées au § *2.17*.

est animé d'un mouvement sinusoïdal entre les deux positions S_1 et S_2 et on pose $p_0 = S_0S_1 = S_0S_2$. La distance S_1S_2 est très exagérée sur la figure 3.24 et on admet que S_1S_2 est petit par rapport à S_0O. Dans ces conditions, S_1H, S_0H et S_2H font pratiquement le même angle θ_2 avec S_0O. Lorsque le point lumineux est dans la position S_1, le chemin optique augmente de la quantité :

$$\overline{S_1h_1} + \overline{S_0h_0} = p_0(\cos\theta_1 + \cos\theta_2) \qquad (3.80)$$

Il diminue de la même quantité lorsque le point lumineux se trouve en S_2. Si $\overline{S_0H} = p$ on peut alors écrire l'amplitude émise par l'objet ponctuel en H sous la forme simplifiée :

$$F(\eta, \xi, t) = e^{jK[p + p_0(\cos\theta_1 + \cos\theta_2)\cos(\omega t + \varphi)]} \qquad (3.81)$$

où $2\pi/\omega$ est la période des oscillations de S_0.

La lumière étant monochromatique, l'amplitude émise en H par S_0 peut se mettre sous la forme :

$$F(\eta, \xi, t)e^{j2\pi\nu t} \qquad (3.82)$$

ν étant la fréquence de la lumière utilisée. L'onde cohérente Σ_R qui est constituée par la même radiation monochromatique de fréquence ν, émet en H l'amplitude

$$a(\eta, \xi)e^{j2\pi\nu t} \qquad (3.83)$$

et l'éclairement en H est :

$$E = (a + F)(a^* + F^*) = |a|^2 + |F|^2 + a^*F + aF^* \qquad (3.84)$$

d'où l'énergie reçue, si T est le temps de pose :

$$W = ET = T|a|^2 + \int_{-\frac{T}{2}}^{+\frac{T}{2}} |F|^2 dt + a^* \int_{-\frac{T}{2}}^{+\frac{T}{2}} F dt + a \int_{-\frac{T}{2}}^{+\frac{T}{2}} F^* dt \qquad (3.85)$$

d'après (3.82) et (3.83) le troisième terme qui donne l'image virtuelle de S peut s'écrire :

$$a^* \int_{-\frac{T}{2}}^{+\frac{T}{2}} F dt = a^* \int_{-\frac{T}{2}}^{+\frac{T}{2}} F(\eta, \xi, t) dt \qquad (3.86)$$

et, d'après (3.80) :

$$a^* e^{jKp} \int_{-\frac{T}{2}}^{+\frac{T}{2}} e^{jKp_0(\cos\theta_1 + \cos\theta_2)\cos(\omega t + \varphi)} dt \qquad (3.87)$$

En utilisant le développement en série :

$$e^{jKp_0(cos\,\theta_1+cos\,\theta_2)\,cos\,(\omega t+\varphi)} = J_0[Kp_0\,(cos\,\theta_1 + cos\,\theta_2)]$$
$$+ 2\sum_{n=1}^{\infty} j^n J_n[Kp_0\,(cos\,\theta_1 + cos\,\theta_2)]\,cos\,n\,(\omega t+\varphi) \quad (3.88)$$

L'image virtuelle est donnée par le terme :

$$a^* e^{jKp} \int_{-\frac{T}{2}}^{+\frac{T}{2}} \left\{ J_0[Kp_0\,(cos\,\theta_1 + cos\,\theta_2)] \right.$$
$$\left. + 2\sum_{n=1}^{\infty} j^n J_n[Kp_0\,(cos\,\theta_1 + cos\,\theta_2)]\,cos\,n(\omega t+\varphi) \right\} dt \quad (3.89)$$

Si la durée d'exposition T est beaucoup plus grande que $\frac{2\pi}{\omega}$, on a pratiquement :

$$\sum_{n=1}^{\infty} j^n J_n[Kp_0\,(cos\,\theta_1 + cos\,\theta_2)] \int_{-\frac{T}{2}}^{+\frac{T}{2}} cos\,n(\omega t+\varphi)dt = 0 \quad (3.90)$$

L'image virtuelle est alors représentée seulement par un terme proportionnel à :

$$J_0[Kp_0(cos\,\delta_0 + cos\,\theta_2)] \quad (3.91)$$

et l'intensité par le carré $J_0^2[Kp_0(cos\,\theta_1 + cos\,\theta_2)]$ ou simplement par $J_0^2(2Kp_0)$ si θ_1 et θ_2 sont petits. Dans le cas d'un objet étendu, l'intensité en chaque point dépend de l'amplitude p_0 de la vibration en ce point.

La relation (3.90) exprime un résultat général que l'on peut présenter sous une autre forme. Si le mouvement de l'objet est quelconque, on a d'après le théorème de Fourier :

$$F(\eta, \xi, t) = \int_{-\infty}^{+\infty} f(y, z, v) e^{j2\pi vt} dv \quad (3.92)$$

où $f(y, z, v)$ donne l'amplitude de chaque composante de fréquence v du mouvement de l'objet.

Si $g(t)$ est la fonction rectangle :

$$g(t) = 1 \qquad |t| \leqslant \frac{T}{2}$$

$$g(t) = 0 \qquad |t| > \frac{T}{2} \quad (3.93)$$

le terme (3.86) représentant l'image virtuelle peut s'écrire :

$$a^* \int_{-\frac{T}{2}}^{+\frac{T}{2}} F(\eta, \xi, t) \mathrm{d}t = a^* \int_{-\infty}^{+\infty} g(t) F(\eta, \xi, t) \mathrm{d}t \qquad (3.94)$$

et d'après (3.92) :

$$a^* \int_{-\infty}^{+\infty} g(t) F(\eta, \xi, t) \mathrm{d}t = a^* \int_{-\infty}^{+\infty} g(t) \left[\int_{-\infty}^{+\infty} f(y, z, v) \mathrm{e}^{j2\pi v t} \mathrm{d}v \right] \mathrm{d}t \qquad (3.95)$$

Inversons les intégrations :

$$a^* \int_{-\infty}^{+\infty} f(y, z, v) \left[\int_{-\infty}^{+\infty} g(t) \mathrm{e}^{-j2\pi v t} \mathrm{d}t \right] \mathrm{d}v = T a^* \int_{-\infty}^{+\infty} \frac{\sin \pi v T}{\pi v T} f(y, z, v) \mathrm{d}v \qquad (3.96)$$

en un point η, ξ et pour la composante de fréquence v (mouvement de l'objet) l'amplitude $f(y, z, v)$ de cette fréquence sera multipliée par le facteur $\dfrac{\sin \pi v T}{\pi v T}$ qui joue le rôle d'une fonction de transfert temporelle (fig. 3.25).

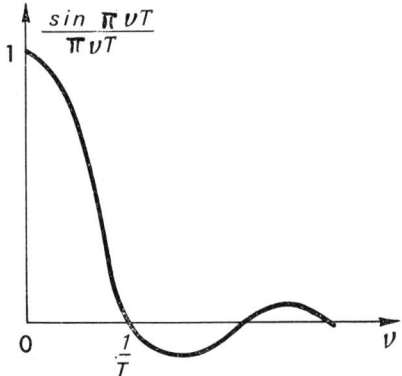

Fig. 3.25. — *Fonction de transfert temporelle dans l'expérience de la fig. 3.24.*

Si le temps de pose T est beaucoup plus grand que la période $\dfrac{2\pi}{\omega}$ de la composante de fréquence v on a :

$$T \gg \frac{1}{v} = \frac{2\pi}{\omega} \quad ; \quad v \gg \frac{1}{T} \qquad (3.97)$$

Pratiquement la composante de fréquence v du mouvement de l'objet n'est pas observable. C'est le cas rencontré précédemment dans le mouvement sinusoïdal de la source ponctuelle S (fig. 3.24). Seul le terme $J_0(2Kp_0)$ de fréquence nulle est observable.

3.10. — Le réseau zoné en holographie (*).

Dans le chapitre premier nous avons utilisé le réseau zoné pour donner une explication simple du mécanisme physique de l'holographie. Nous donnons maintenant quelques précisions sur la formation des images données par un réseau zoné sinusoïdal (**).

Pour réaliser le réseau zoné sinusoïdal, une plaque photographique P (fig. 3.26) est éclairée par une onde plane Σ_R et par une onde sphérique provenant de la source ponctuelle S située à la distance p de la plaque P. Ces deux

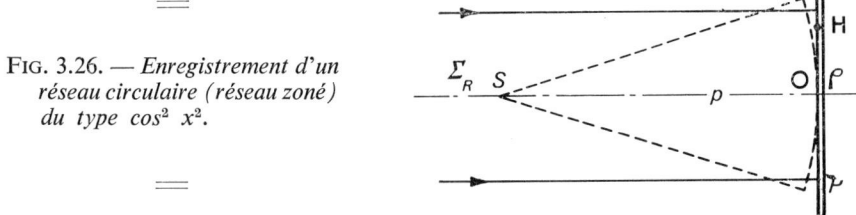

Fig. 3.26. — *Enregistrement d'un réseau circulaire (réseau zoné) du type $\cos^2 x^2$.*

ondes sont cohérentes et leur différence de marche en O est égale à δ. Si les deux ondes ont même amplitude dans le plan de la plaque, l'éclairement en un point H situé à la distance ρ du point O est :

$$E = \cos^2\left[\frac{\pi}{\lambda}\left(\delta + \frac{\rho^2}{2p}\right)\right] \qquad (3.98)$$

soit, à un facteur constant près :

$$E = 1 + \cos\left[K\left(\delta + \frac{\rho^2}{2p}\right)\right] \qquad (3.99)$$

et si T est le temps d'exposition, l'énergie W reçue par la plaque est :

$$W = ET = T\left\{1 + \cos\left[K\left(\delta + \frac{\rho^2}{2p}\right)\right]\right\} \qquad (3.100)$$

Pour travailler dans la région linéaire de la courbe $t_N = f(W)$ reliant l'amplitude transmise t_N par le négatif après développement à l'énergie W reçue par la plaque il ne faut pas que E passe par des minimums nuls. Si m est une constante plus grande que l'unité, on écrira :

$$W = T\left\{m + \cos\left[K\left(\delta + \frac{\rho^2}{2p}\right)\right]\right\} \qquad (3.101)$$

(*) Référence 77.
(**) A. Boivin. *Théorie et calcul des figures de diffraction de révolution.* Gauthier-Villars, Paris (1964).

Posons :
$$W_0 = Tm \qquad (3.102)$$

Si β est la pente de la région linéaire de la courbe $t_N = f(W)$ (fig. 3.27) l'amplitude transmise par le négatif est :

$$t_N = t_0 - \beta(W - W_0) \qquad (3.103)$$

où t_0 est l'amplitude transmise correspondant à W_0.

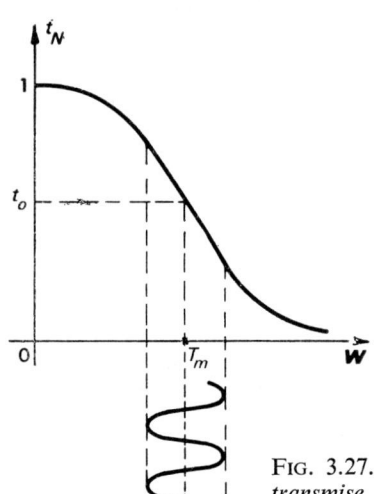

FIG. 3.27. — *Amplitude transmise par le négatif.*

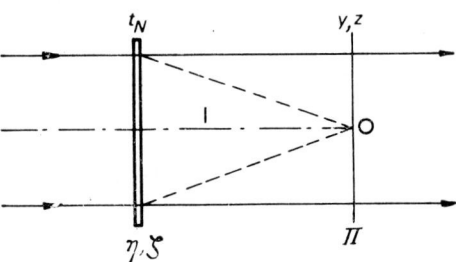

FIG. 3.28. — *Calcul de l'amplitude en un point y, z du plan π éclairé par le réseau circulaire placé en t_N.*

D'après (3.101) on aura :

$$t_N = t_0 - \beta T \cos\left[K\left(\delta + \frac{\rho^2}{2p}\right)\right] \qquad (3.104)$$

et si $\beta' = \beta T$:

$$t_N = t_0 - \beta' \cos\left[K\left(\delta + \frac{\rho^2}{2p}\right)\right] \qquad (3.105)$$

Éclairons cet hologramme par un faisceau de rayons parallèles et observons le phénomène dans un plan π situé à la distance l du hologramme (fig. 3.28). En un point quelconque de l'écran π l'amplitude est donnée par la formule de Fresnel-Kirchoff (*) :

$$f(y, z) = \frac{e^{jKl}}{j\lambda l} e^{j\frac{K}{2l}(y^2+z^2)} \iint t_N e^{j\frac{K}{2l}(\eta^2+\xi^2)} e^{-j\frac{K}{l}(y\eta+z\xi)} d\eta d\xi \qquad (3.106)$$

(*) Voir § *4.1*.

η, ξ fixent les coordonnées d'un point de l'hologramme et y, z celles d'un point du plan π d'observation. Sur l'axe du réseau zoné que constitue le négatif, c'est-à-dire en O, l'amplitude est, d'après (3.106) et à un facteur constant près :

$$f(0, 0) = \iint t_N e^{j\frac{K}{2l}\rho^2} \rho d\rho d\theta \tag{3.107}$$

où :

$$\rho^2 = \eta^2 + \xi^2 \tag{3.108}$$

en utilisant (3.105) on a :

$$f(0, 0) = \frac{1}{2} \iint \left\{ t_0 - \beta' \cos\left[K\left(\delta + \frac{\rho^2}{2p}\right)\right] \right\} e^{j\frac{K}{2l}\rho^2} d\rho^2 d\theta \tag{3.109}$$

et si ρ_0 est le rayon du réseau zoné :

$$f(0, 0) = \pi \int_0^{\rho_0} \left\{ t_0 - \beta' \cos\left[K\left(\delta + \frac{\rho^2}{2p}\right)\right] \right\} e^{j\frac{K}{2l}\rho^2} d\rho^2 \tag{3.110}$$

d'où :

$$f(0, 0) = \pi t_0 \rho_0^2 e^{j\frac{K}{4l}\rho_0^2} \frac{\sin\frac{K\rho_0^2}{4l}}{\frac{K\rho_0^2}{4l}} - \frac{\pi \beta' \rho_0^2}{2} e^{jK\left[\left(\frac{1}{p}+\frac{1}{l}\right)\frac{\rho_0^2}{4} + \delta\right]} \frac{\sin\frac{K}{4}\left(\frac{1}{p}+\frac{1}{l}\right)\rho_0^2}{\frac{K}{4}\left(\frac{1}{p}+\frac{1}{l}\right)\rho_0^2}$$

$$- \frac{\pi \beta' \rho_0^2}{2} e^{-jK\left[\left(\frac{1}{p}-\frac{1}{l}\right)\frac{\rho_0^2}{4} + \delta\right]} \frac{\sin\frac{K}{4}\left(\frac{1}{p}-\frac{1}{l}\right)\rho_0^2}{\frac{K}{4}\left(\frac{1}{p}-\frac{1}{l}\right)\rho_0^2} \tag{3.111}$$

Le premier terme représente l'onde plane qui traverse le réseau zoné sans être diffractée. Ce terme est maximal pour $l = \infty$. Il correspond à la figure de diffraction classique d'Airy. Avec les conventions de signe p est ici négatif et le deuxième terme donne l'image S'' réelle $l = -p$ et le troisième terme l'image S' virtuelle $l = p$ (fig. 3.29).

Les deux images S' et S'' sont symétriques par rapport au hologramme. Comme les images sont éloignées les unes des autres on peut les traiter séparément et dire qu'au voisinage de l'image virtuelle S' la répartition des intensités le long de l'axe est donnée par :

$$I_{S'} = \left[\frac{\sin\frac{K}{4}\left(\frac{1}{p}-\frac{1}{l}\right)\rho_0^2}{\frac{K}{4}\left(\frac{1}{p}-\frac{1}{l}\right)\rho_0^2} \right]^2 \tag{3.112}$$

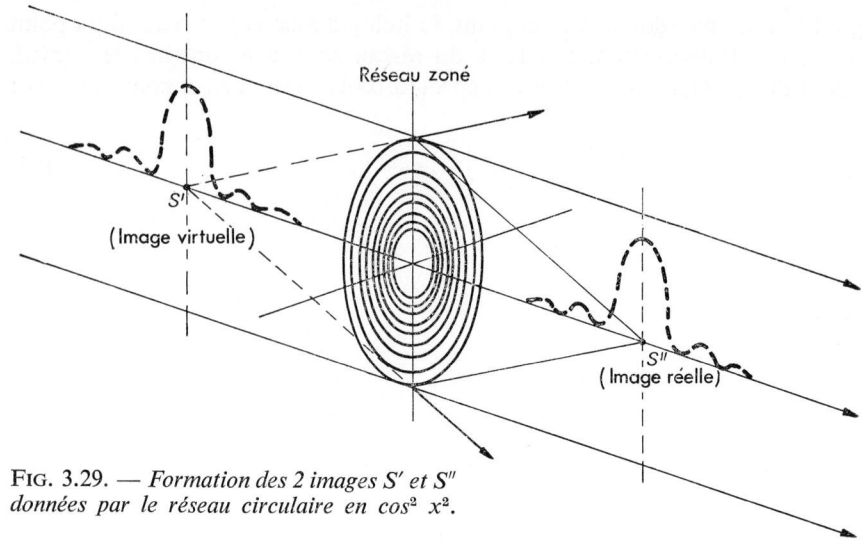

FIG. 3.29. — *Formation des 2 images S' et S" données par le réseau circulaire en* $\cos^2 x^2$.

de même pour l'intensité le long de l'axe au voisinage de l'image réelle :

$$I_{S'} = \left[\frac{\sin \frac{K}{4}\left(\frac{1}{p} + \frac{1}{l}\right)\rho_0^2}{\frac{K}{4}\left(\frac{1}{p} + \frac{1}{l}\right)\rho_0^2}\right]^2 \quad (3.113)$$

Si on éclaire l'hologramme par un faisceau de rayons parallèles comme à l'enregistrement, mais avec une longueur d'onde λ' différente, il faut écrire la relation (3.110) sous la forme :

$$f(0, 0) = \pi \int_0^{\rho_0} \left\{ t_0 - \beta' \cos\left[K\left(\delta + \frac{\rho^2}{2p}\right)\right] \right\} e^{j\frac{K'}{2l}\rho^2} d\rho^2 \quad (3.114)$$

où :

$$K' = \frac{2\pi}{\lambda'} \quad (3.115)$$

on trouve alors :

$$f(0, 0) = \pi t_0 \rho_0^2 e^{j\frac{K'}{4l}\rho_0^2} \frac{\sin \frac{K'\rho_0^2}{4l}}{\frac{K'\rho_0^2}{4l}} - \frac{\pi\beta'\rho_0^2}{2} e^{jK\left[\left(\frac{1}{p} + \frac{K'}{Kl}\right)\frac{\rho_0^2}{4} + \delta\right]} \frac{\sin \frac{K}{4}\left(\frac{1}{p} + \frac{K'}{Kl}\right)\rho_0^2}{\frac{K}{4}\left(\frac{1}{p} + \frac{K'}{Kl}\right)\rho_0^2}$$

$$- \frac{\pi\beta'\rho_0^2}{2} e^{-jK\left[\left(\frac{1}{p} - \frac{K'}{Kl}\right)\frac{\rho_0^2}{4} + \delta\right]} \frac{\sin \frac{K}{4}\left(\frac{1}{p} - \frac{K'}{Kl}\right)\rho_0^2}{\frac{K}{4}\left(\frac{1}{p} - \frac{K'}{Kl}\right)\rho_0^2} \quad (3.116)$$

pour l'image virtuelle (dernier terme) :

$$l = p \frac{\lambda}{\lambda'} \qquad (3.117)$$

L'image se rapproche du hologramme si la longueur d'onde est plus grande à la reconstitution qu'à l'enregistrement.

Lorsque le réseau zoné n'a pas le profil donné par l'expression (3.98), on peut développer en série et ramener le réseau étudié à une somme de réseaux zonés analogues à (3.98). Par exemple un réseau du type Soret, dont le profil est donné par la figure 3.30, peut s'écrire :

$$E = a + \frac{2}{\pi} \left[\sin \pi a \cos b\rho^2 + \frac{1}{2} \sin 2\pi a \cdot \cos 2b\rho^2 + \ldots \right] \qquad (3.118)$$

où a et b sont deux constantes caractérisant le réseau.

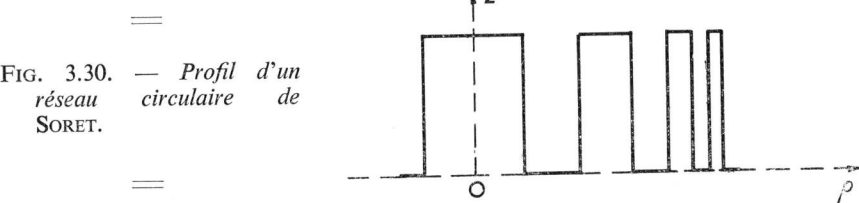

Fig. 3.30. — *Profil d'un réseau circulaire de* Soret.

En effectuant pour chaque terme le calcul précédent, on trouvera une infinité d'images ponctuelles, chaque terme donnant naissance à deux images telles que S' et S'' sur la figure 3.29.

Dans le cas de l'holographie, ces images jouent le rôle d'images parasites et pour les éliminer, il faut que chaque point de l'objet donne sur le hologramme un réseau zoné à minimums non nuls, tel que le réseau correspondant à (3.101). Il faut des interférences à relativement faible contraste, obtenues en donnant à l'onde cohérente qui va directement sur le hologramme, une amplitude plus grande que l'amplitude émise par l'objet.

CHAPITRE 4

FILTRAGE OPTIQUE ET RECONNAISSANCE DES FORMES

4.1. — *Formule de Fresnel-Kirchhoff* (*).

Dans l'étude des phénomènes de diffraction on rencontre souvent le problème suivant (fig. 4.1) : étant donné la répartition complexe des amplitudes $F(\eta, \xi)$ à l'intérieur d'une ouverture T pratiquée dans un plan A calculer la

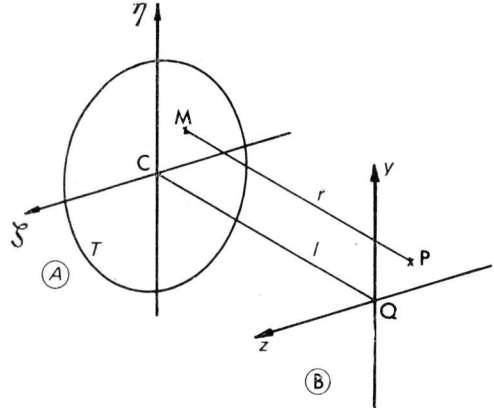

Fig. 4.1. — *Calcul de l'amplitude en P produite par une ouverture T.*

répartition des amplitudes dans un plan B situé à la distance l de A. La formule de Fresnel-Kirchhoff permet de résoudre ce problème. Soit λ la longueur d'onde de la lumière utilisée et r la distance d'un point M (η, ξ) de A à un point P (y, z) de B. L'amplitude $f(y, z)$ en P est :

$$f(y, z) = \frac{1}{j\lambda} \iint_T F(\eta, \xi) \frac{e^{jKr}}{r} \, d\eta d\xi \qquad (4.1)$$

(*) Références 14, 107.

où T est l'ouverture libre du plan A. On suppose que l'ouverture T est petite par rapport à la distance l. On a en développant :

$$r = \sqrt{l^2 + (y-\eta)^2 + (z-\xi)^2} \simeq l\left[1 + \frac{1}{2}\left(\frac{y-\eta}{l}\right)^2 + \frac{1}{2}\left(\frac{z-\xi}{l}\right)^2\right] \quad (4.2)$$

d'où l'amplitude en P :

$$f(y,z) = \frac{e^{jKl}}{j\lambda l} \iint_T F(\eta,\xi) e^{j\frac{K}{2l}[(y-\eta)^2+(z-\xi)^2]} d\eta d\xi \quad (4.3)$$

car on peut remplacer r par l, dans le dénominateur de (4.1). L'amplitude $f(y,z)$ est considérée comme une convolution de deux fonctions et on écrit symboliquement :

$$f(y,z) = \frac{e^{jKl}}{j\lambda l} F(\eta,\xi) \otimes e^{j\frac{K}{2l}(y^2+z^2)} \quad (4.4)$$

En revenant à l'expression (4.3) et si $F(\eta,\xi)$ est identiquement nul en dehors de l'ouverture T on a :

$$f(y,z) = \frac{e^{jKl}}{j\lambda l} e^{j\frac{K}{2l}(y^2+z^2)} \int\!\!\!\int_{-\infty}^{+\infty} F(\eta,\xi) e^{j\frac{K}{2l}(\eta^2+\xi^2)} e^{-j\frac{K}{l}(y\eta+z\xi)} d\eta d\xi \quad (4.5)$$

sous cette forme on voit que la fonction $f(y,z)$ est la transformée de Fourier de $F(\eta,\xi)e^{j\frac{K}{2l}(\eta^2+\xi^2)}$ si on laisse de côté le facteur placé devant l'intégrale. Lorsque $l \gg \frac{K(\eta^2+\xi^2)}{2}$ la fonction $f(y,z)$ est alors la transformée de Fourier de $F(\eta,\xi)$, et on se trouve dans les conditions de la diffraction de Fraunhofer :

$$f(y,z) = \mathcal{A} \int\!\!\!\int_{-\infty}^{+\infty} F(\eta,\xi) e^{-j\frac{K}{l}(y\eta+z\xi)} d\eta d\xi \quad (4.6)$$

4.2. — Variation de phase subie par une onde à la traversée d'une lentille mince (*).

On considère une lentille d'épaisseur e_0 au centre (fig. 4.2) et d'épaisseur e à une distance quelconque h du centre. Si n est l'indice de la lentille le chemin optique accompli par un rayon qui traverse la lentille suivant l'axe est ne_0. Comme on considère une lentille mince cela veut dire que l'on néglige le déplacement d'un rayon quelconque entre les 2 plans A et B. Les coordonnées de

(*) Référence 107.

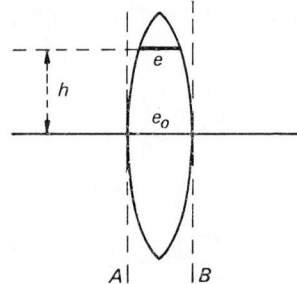
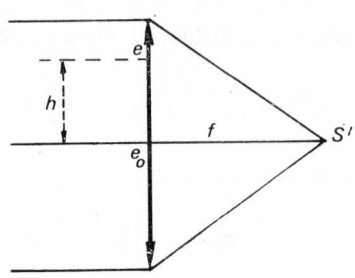

Fig. 4.2. — *Variation de phase à la traversée d'une lentille mince.*

Fig. 4.3. — *Cas où la lentille mince est éclairée par une onde plane.*

l'intersection d'un rayon avec les plans A et B sont pratiquement les mêmes (fig. 4.3). Un rayon parallèle à l'axe qui chemine à la distance h de l'axe va accomplir un chemin optique $ne + e_0 - e$ et par conséquent la lentille mince introduit une variation de phase :

$$\varphi = K[ne + (e_0 - e)] \tag{4.7}$$

soit $F(\eta, \xi)$ l'amplitude de l'onde incidente juste avant la lentille (en A sur la fig. 4.2), l'amplitude $F'(\eta, \xi)$ immédiatement après la lentille (en B) sera :

$$F'(\eta, \xi) = F(\eta, \xi)e^{jKe_0}e^{jK(n-1)e} \tag{4.8}$$

Un calcul très classique permet d'exprimer e en fonction de e_0, des rayons de courbure R_1 et R_2 des faces de la lentille et des coordonnées η, ξ du point de la lentille où l'épaisseur est e.

On a :

$$e = e_0 - \frac{\eta^2 + \xi^2}{2}\left(\frac{1}{R_1} - \frac{1}{R_2}\right) \tag{4.9}$$

et (4.8) s'écrit :

$$F'(\eta, \xi) = F(\eta, \xi)e^{jKe_0}e^{jK(n-1)\left[e_0 - \frac{\eta^2+\xi^2}{2}\left(\frac{1}{R_1}-\frac{1}{R_2}\right)\right]} \tag{4.10}$$

or si f est la focale de la lentille :

$$\frac{1}{f} = (n-1)\left(\frac{1}{R_1} - \frac{1}{R_2}\right) \tag{4.11}$$

et on a :

$$F'(\eta, \xi) = F(\eta, \xi)e^{jKne_0}e^{-j\frac{K}{2f}(\eta^2+\xi^2)} \tag{4.12}$$

lorsque la lentille reçoit une onde plane comme l'indique la figure 4.3

alors $F(\eta, \xi)$ = Cte et l'action de la lentille est donnée par l'expression :

$$F'(\eta, \xi) = e^{jKne_0} e^{-j\frac{K}{2f}(\eta^2+\xi^2)} \qquad (4.13)$$

dans l'approximation considérée, $e^{-j\frac{K}{2f}(\eta^2+\xi^2)}$ représente une onde sphérique convergente ($f > 0$) ou divergente ($f < 0$).

4.3. — Amplitude dans le plan focal d'une lentille quand on place un objet diffractant contre la lentille.

L'objet A est placé comme l'indique la figure 4.4.
L'amplitude transmise par l'objet est $F(\eta, \xi)$.
D'après (4.12) l'amplitude immédiatement après la lentille sera, en laissant de côté le facteur e^{jKne_0}

$$F'(\eta, \xi) = F(\eta, \xi)e^{-j\frac{K}{2f}(\eta^2+\xi^2)} \qquad (4.14)$$

pour avoir l'amplitude $f(y, z)$ dans le plan focal situé à la distance f du plan où l'on a l'amplitude $F'(\eta, \xi)$ il suffit d'appliquer la formule Fresnel-Kirchhoff (4.5). On suppose que l'objet est plus petit que la lentille et on ne fait pas intervenir les dimensions finies de la lentille. En utilisant (4.14) on obtient :

$$f(y, z) = \frac{e^{j\frac{K}{2f}(y^2+z^2)}}{j\lambda f} \int\!\!\int_{-\infty}^{+\infty} F(\eta, \xi)e^{-j\frac{K}{f}(y\eta+z\xi)} d\eta d\xi \qquad (4.15)$$

au facteur près $e^{j\frac{K}{2f}(y^2+z^2)}$ cette expression représente la transformée de Fourier de $F(\eta, \xi)$. C'est donc en réalité l'amplitude sur une sphère de rayon f tangente en S' au plan focal qui est la transformée de Fourier de $F(\eta, \xi)$. Il faut noter que, sauf en holographie, on s'intéresse en général dans les problèmes de diffraction à l'intensité et alors le facteur de phase situé devant l'intégrale disparaît.

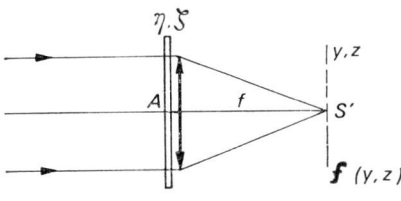

FIG. 4.4. — *Transformée de* FOURIER *de l'objet A lorsque celui-ci est placé contre la lentille.*

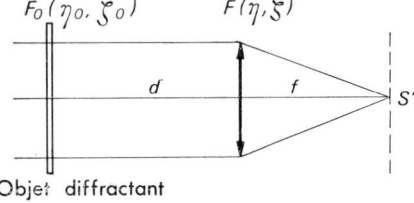

FIG. 4.5. — *Cas où l'objet est à une distance quelconque d de la lentille.*

4.4. — Cas où l'objet diffractant est situé à la distance d de la lentille.

Soit $F_0(\eta_0, \xi_0)$ l'amplitude transmise par l'objet diffractant (fig. 4.5). L'amplitude $F(\eta, \xi)$ immédiatement avant la lentille mince est donnée par la formule de Fresnel-Kirchhoff (4.3) qui s'écrit ici :

$$F(\eta, \xi) = \frac{e^{jKd}}{j\lambda d} \int\!\!\!\int_{-\infty}^{+\infty} F_0(\eta_0, \xi_0) e^{j\frac{K}{2d}[(\eta-\eta_0)^2 + (\xi-\xi_0)^2]} d\eta_0 d\xi_0 \qquad (4.16)$$

comme précédemment nous ne faisons pas intervenir les dimensions finies de la lentille.

On a sous la forme symbolique (4.4) :

$$F(\eta, \xi) = F_0(\eta, \xi) \otimes e^{j\frac{K}{2d}(\eta^2 + \xi^2)} \qquad (4.17)$$

en laissant de côté $\dfrac{e^{jKd}}{j\lambda d}$ qui est en facteur dans tous les calculs, on a alors (*)

$$T.F.[F(\eta, \xi)] = T.F.[F_0(\eta, \xi)] \times T.F.\left[e^{j\frac{K}{2d}(\eta^2 + \xi^2)}\right] \qquad (4.18)$$

or d'après (4.15)

$$T.F.[F(\eta, \xi)] = \int\!\!\!\int_{-\infty}^{+\infty} F(\eta, \xi) e^{-j\frac{K}{f}(y\eta + z\xi)} d\eta d\xi \qquad (4.19)$$

et l'amplitude $f(y, z)$ dans le plan focal de la lentille s'écrit maintenant, d'après (4.15), (4.18) et (4.19) :

$$f(y, z) = \frac{e^{j\frac{K}{2f}(y^2 + z^2)}}{j\lambda f} \times T.[F.F_0(\eta, \xi)] \times T.F.\left[e^{j\frac{K}{2d}(\eta^2 + \xi^2)}\right] \qquad (4.20)$$

Posons :

$$u = \frac{y}{f} \qquad v = \frac{z}{f} \qquad (4.21)$$

on a, à une constante près :

$$T.F.\left[e^{j\frac{K}{2d}(\eta^2 + \xi^2)}\right] = e^{-j\frac{K}{2d}(u^2 + v^2)} = e^{-j\frac{Kd}{2f^2}(y^2 + z^2)} \qquad (4.22)$$

(*) La notation $T.F.$ veut dire « transformée de Fourier ».

d'où :

$$f(y, z) = \frac{e^{j\frac{K}{2f}\left(1-\frac{d}{f}\right)(y^2+z^2)}}{j\lambda f} \times T.F.[F_0(\eta, \xi)] \qquad (4.23)$$

et d'après (4.19) :

$$f(y, z) = \frac{e^{j\frac{K}{2f}\left(1-\frac{d}{f}\right)(y^2+z^2)}}{j\lambda f} \int\!\!\int_{-\infty}^{+\infty} F_0(\eta_0, \xi_0) e^{-j\frac{K}{f}(y\eta_0+z\xi_0)} d\eta_0 d\xi_0 \qquad (4.24)$$

cette expression montre que si l'objet est au foyer de la lentille ($d = f$) l'amplitude $f(y, z)$ est alors exactement la transformée de Fourier de l'objet $F_0(\eta_0, \xi_0)$.

4.5. — Filtrage optique en éclairage cohérent (*).

La figure 4.6 donne le schéma classique de l'expérience. L'objet $F_0(\eta_0, \xi_0)$, une plaque photographique représentant un paysage par exemple, est éclairé en faisceau parallèle (lumière monochromatique). Si l'objet $F_0(\eta_0, \xi_0)$ est à une distance de la lentille O_2 égale à la focale f de cette lentille, la transformée de Fourier de l'objet se trouve dans le plan focal de O_2. Cette transformée de Fourier n'est autre que le phénomène de diffraction produit par l'écran diffrac-

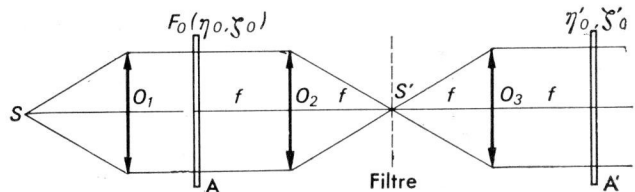

Fig. 4.6. — *Montage expérimental pour le filtrage optique.*

tant constitué par la plaque photographique. On place dans le plan focal de O_2 un filtre destiné à modifier la répartition des amplitudes complexes dans ce plan. Ce filtre peut être par exemple un simple petit écran opaque qui va arrêter la lumière diffractée située très près de l'axe. Or la lumière diffractée près de l'axe correspond à des détails assez larges de l'objet (détails de basse fréquence). Donc l'écran laissera passer la lumière diffractée loin de l'axe, c'est-à-dire la lumière diffractée par les petits détails (détails de haute fréquence). Si un troisième objectif O_3 forme en A' une image de A, les détails assez larges

(*) Références citées au § **2.19**.

ne seront pas reproduits ce qui aura pour effet de renforcer les fins détails et de donner l'impression d'une amélioration de la netteté de la photographie. Nous n'avons donné là qu'un exemple mais le filtrage optique offre beaucoup de possibilités en variant les filtres. Le filtre dont nous venons de parler est un simple filtre d'amplitude. Dans certaines applications, comme par exemple dans le problème de la reconnaissance des formes dont nous allons parler plus loin, on utilise des filtres qui enregistrent à la fois la phase et l'amplitude. Ces filtres sont de véritables hologrammes et nous allons montrer sur un exemple, comment on peut les obtenir.

4.6. — Le filtre adapté au signal (*).

Le problème que nous nous posons est le suivant : enregistrer en phase et en amplitude la transformée de Fourier d'un objet déterminé que nous appellerons le signal. Le schéma de la figure 4.7 (Vander Lugt) permet de réaliser

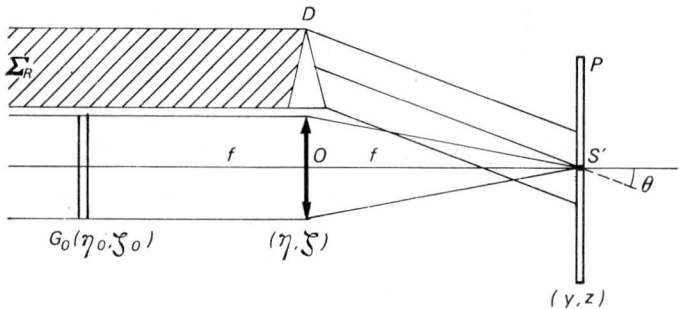

Fig. 4.7. — *Enregistrement du hologramme d'un signal $G_0(\eta_0, \xi_0)$* (Vander Lugt).

un tel filtre. Soit $G_0(\eta_0, \xi_0)$ le signal dont on veut enregistrer la transformée de Fourier, c'est-à-dire le phénomène de diffraction à l'infini. Dans le plan focal P de l'objectif O cette transformée de Fourier est donnée par une fonction $g(y, z)$. Le faisceau incident couvre non seulement l'objectif O mais aussi un prisme D qui dévie la lumière de sorte que le plan P reçoit une onde plane Σ_R cohérente qui interfère avec la lumière provenant de l'objectif O. En mettant en P une plaque photographique on a le schéma d'enregistrement d'un hologramme. On repère la position d'un point quelconque de P par 2 axes de coordonnées $S'y$ et $S'z$. L'axe $S'y$ est perpendiculaire au plan de figure et $S'z$ dans le plan de figure. Si l'arête du prisme D est perpendiculaire au plan de

(*) Références 321, 322.

figure, l'amplitude produite par l'onde cohérente Σ_R dans le plan P s'écrit :

$$a(y, z) = a_0 e^{jK\theta z} \qquad (4.25)$$

l'éclairement reçu par la plaque P est alors :

$$E = (a + g)(a^* + g^*) = |a|^2 + |g|^2 + a^*g + ag^* \qquad (4.26)$$

ou encore d'après (4.25)

$$E = a_0^2 + |g|^2 + a_0 g(y, z) e^{-jK\theta z} + a_0 g^*(y, z) e^{jK\theta z} \qquad (4.27)$$

après développement l'amplitude transmise t_N peut se mettre sous la forme :

$$t_N = t_0 - \beta' \left\{ |g|^2 + a_0 g(y, z) e^{-jK\theta z} + a_0 g^*(y, z) e^{jK\theta z} \right\} \qquad (4.28)$$

le troisième terme de cette expression correspond, au facteur $e^{-jK\theta z}$ près, à une transmission en amplitude proportionnelle à $g(y, z)$, c'est-à-dire à la transformée de Fourier (en amplitude et en phase) du signal $G_0(\eta_0, \xi_0)$. Nous utilisons maintenant ce filtre dans l'expérience du filtrage optique de la figure 4.6.

4.7. — Filtrage d'un objet lorsque le filtre est la transformée de Fourier d'un signal donné (filtre adapté).

Soit $F_0(\eta_0, \xi_0)$ l'objet placé en A sur la figure 4.6. On veut filtrer cet objet par le filtre (4.28) placé en S'. D'après ce qui précède les notations sont les suivantes :

objet à filtrer : $F_0(\eta_0, \xi_0)$; transformée de Fourier : $f(y, z)$;
signal : $G_0(\eta_0, \xi_0)$; transformée de Fourier : $g(y, z)$,

le signal est un élément de l'objet. L'amplitude transmise par le filtre dans les conditions de cette expérience est :

$$t_N f(y, z) = t_0 f - \beta' \left\{ f|g|^2 + a_0 fg e^{-jKz\theta} + a_0 fg^* e^{jK\theta z} \right\} \qquad (4.29)$$

La figure 4.6 montre que l'objectif O_3 donne en A' la transformée de Fourier de l'expression précédente. A part $t_0 f$ les termes de (4.29) sont des produits de transformées de Fourier et leurs transformées sont des produits de convolution.

On a pour ces 3 termes :

$$T.F.\left[f|g|^2\right] = \mathcal{B}_1 = G_0(\eta'_0, \xi'_0) \otimes G_0^*(-\eta'_0, -\xi'_0) \otimes F_0(\eta'_0, \xi'_0) \qquad (4.30)$$

$$T.F.\left[fg e^{-jK\theta z}\right] = \mathcal{B}_2 = G_0(\eta'_0, \xi'_0) \otimes F_0(\eta'_0, \xi'_0) \otimes \delta(\eta'_0, \eta'_0 - f\theta) \qquad (4.31)$$

où δ représente la distribution de Dirac. On peut en effet considérer $e^{-jK\theta z}$ comme une onde plane dont la transformée de Fourier est un signal ponctuel dans le plan A' et correspondant à la direction θ. De même :

$$T.F.\left[fg^*e^{jK\theta z}\right] = \mathcal{B}_3 = G_0^*(-\eta_0', -\xi_0') \otimes F_0(\eta_0', \xi_0') \otimes \delta(\eta_0', \xi_0' + f\theta) \quad (4.32)$$

le terme $\mathcal{B}_1$ n'a pas d'intérêt dans l'expérience et on voit qu'il est centré à l'origine ($\eta_0' = 0$, $\xi_0' = 0$) du plan A. Il en est de même de la transformée du terme $t_0 f$, centré aussi à l'origine, et qui reconstitue l'objet $F_0(\eta_0, \xi_0)$. On reconstitue donc à l'origine une image de $F_0(\eta_0, \xi_0)$ perturbée par $\mathcal{B}_1$. Le terme $\mathcal{B}_2$ représente la convolution de G_0 et F_0 « centrée » sur le point de coordonnées $\eta_0' = 0$, $\xi_0' = f\theta$. Enfin le dernier terme $\mathcal{B}_3$ représente la corrélation de G_0 et F_0 centrée au point de coordonnées $\eta_0' = 0$, $\xi_0' = -f\theta$. On peut noter que dans les formules on ne tient pas compte du fait que sur la figure le grandissement entre les plans A et A' est égal à -1. Par conséquent $\mathcal{B}_2$ est en fait centré sur le point $(0, -f\theta)$ et $\mathcal{B}_3$ sur le point $(0, +f\theta)$ comme l'indique la figure 4.8.

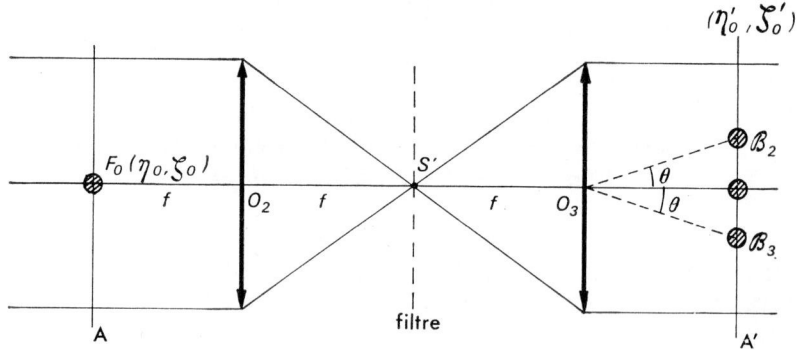

Fig. 4.8. — *Images obtenues lorsque le filtre de* Vander Lugt *est placé en* S'.

Le terme $\mathcal{B}_3$ de corrélation entre G_0 et F_0 est centré sur l'image que donnerait dans le plan A' l'onde cohérente si elle était présente. Les 3 termes $\mathcal{B}_1$, $\mathcal{B}_2$ et $\mathcal{B}_3$ sont bien séparés si l'angle θ est suffisant, c'est-à-dire si, lors de l'enregistrement du filtre, l'inclinaison de l'onde cohérente a été suffisamment grande. Supposons que l'objet $F_0(\eta_0, \xi_0)$ soit le signal lui-même $G_0(\eta_0, \xi_0)$. Dans ce cas les 2 termes intéressants s'écrivent en laissant de côté la distribution de Dirac :

$$\mathcal{B}_2' = G_0(\eta_0', \xi_0') \otimes G_0(\eta_0', \xi_0') \quad (4.33)$$

$$\mathcal{B}_3' = G_0(\eta_0', \xi_0') \otimes G_0^*(-\eta_0', -\xi_0') \quad (4.34)$$

l'image $\mathcal{B}_2'$ représente l'*autoconvolution* du signal et $\mathcal{B}_3'$ l'*autocorrélation* du

signal. Dans le cas général l'objet $F_0(\eta_0, \xi_0)$ contient le signal $G_0(\eta_0, \xi_0)$ plus d'autres signaux différents qui constituent un « bruit » $B(\eta_0, \xi_0)$.
On a :

$$F_0(\eta_0, \xi_0) = G_0(\eta_0, \xi_0) + B(\eta_0, \xi_0) \tag{4.35}$$

dans ces conditions, en remplaçant (4.35) dans (4.32) le terme de corrélation $\mathcal{B}_3$ s'écrit :

$$\mathcal{B}_3 = G_0(\eta_0', \xi_0') \otimes G_0^*(-\eta_0', -\xi_0') + B(\eta_0', \xi_0') \otimes G_0^*(-\eta_0', -\xi_0') \tag{4.36}$$

$\mathcal{B}_3$ est égal à la somme de la fonction d'autocorrélation du signal et de la fonction de corrélation bruit-signal. Nous appliquons maintenant ces résultats à l'identification de signaux.

4.8. — Principe de la reconnaissance des formes par autocorrélation (*).

Le problème est le suivant : on veut savoir si l'objet $F_0(\eta_0, \xi_0)$ contient ou non le signal $G_0(\eta_0, \xi_0)$. L'objet est, par exemple, la photographie d'un texte et le signal est une lettre ou un mot du texte. Supposons que l'on cherche à identifier la lettre *e*. La première opération consiste à réaliser le filtre adapté qui est la transformée de Fourier $g(y, z)$ de la lettre *e* (lettre blanche sur fond noir). Dans la deuxième opération, on effectue le filtrage du texte à l'aide du montage de la figure 4.8. Le texte, qui est une photographie transparente (lettre blanche sur fond noir) est placé en A et le filtre (transformée de Fourier de la lettre *e* à identifier) en S' dans le plan focal de l'objectif O_2. On observe en A' dans le plan focal de l'objectif O_3 trois images et c'est l'image correspondant au terme $\mathcal{B}_3$, c'est-à-dire à la corrélation objet-signal qui nous intéresse. Pour simplifier, nous allons supposer d'abord que l'objet $F_0(\eta_0, \xi_0)$ est constitué uniquement par le signal $G_0(\eta_0, \xi_0)$ c'est-à-dire par la lettre *e*. Ce cas est évidemment le plus simple. L'expression (4.29) donne l'amplitude immédiatement après le filtre. On voit que le dernier terme, qui correspond à l'image $\mathcal{B}_3'$ donne une amplitude $fg^* = gg^*$ puisque l'objet est constitué par le signal lui-même. La quantité gg^* est *réelle* et par conséquent l'onde transmise par le filtre est une *onde plane*. On observe alors dans le plan focal A' de l'objectif O_3 et dans la direction θ un *point brillant*. Si l'objet est différent du signal, il n'en est plus ainsi et au lieu d'un point brillant, on a une tache d'autant moins visible que la corrélation entre l'objet et le signal est moins grande. On peut le montrer en considérant, non pas ce qui se passe dans le plan focal de l'objectif O_2, mais dans le plan focal de l'objectif O_3. Sans changer le signal $G_0(\eta_0, \xi_0)$ toujours placé en A sur la figure 4.8, modifions le filtre en S' qui est représenté maintenant par la transformée $g_1(y, z)$ d'un autre

(*) Références citées au § *2.19*.

signal $G_1(\eta_0, \xi_0)$ différent de $G_0(\eta_0, \xi_0)$ et qui n'est pas présent en A. En A' le terme $\mathcal{B}_3$ est donné par la corrélation $G_0 \otimes G_1^*$ qui peut s'écrire :

$$\mathcal{B}_3 = \iint_{-\infty}^{+\infty} G_0(\eta', \xi') G_1^*(\eta' - \eta_0', \xi' - \xi_0' - f\theta) \mathrm{d}\eta' \mathrm{d}\xi' \qquad (4.37)$$

Si on place un récepteur en $\mathcal{B}_3$ on aura une réponse proportionnelle à l'énergie reçue, c'est-à-dire à $|\mathcal{B}_3|^2$. En normalisant on a :

$$|\mathcal{B}_3|^2 = \frac{\left|\iint_{-\infty}^{+\infty} G_0 G_1^* \mathrm{d}\eta' \mathrm{d}\xi'\right|^2}{\iint_{-\infty}^{+\infty} |G_1|^2 \mathrm{d}\eta' \mathrm{d}\xi'} \qquad (4.38)$$

Dans le cas où le filtre est adapté au signal, la réponse du récepteur est donnée par :

$$|\mathcal{B}_3'|^2 = \frac{\left[\iint_{-\infty}^{+\infty} |G_0|^2 \mathrm{d}\eta' \mathrm{d}\xi'\right]^2}{\iint_{-\infty}^{+\infty} |G_0|^2 \mathrm{d}\eta' \mathrm{d}\xi'} = \iint_{-\infty}^{+\infty} |G_0|^2 \mathrm{d}\eta' \mathrm{d}\xi' \qquad (4.39)$$

D'après l'inégalité de Schwarz, on a :

$$\left|\iint_{-\infty}^{+\infty} G_0 G_1^* \mathrm{d}\eta' \mathrm{d}\xi'\right|^2 \leq \iint_{-\infty}^{+\infty} |G_0|^2 \mathrm{d}\eta' \mathrm{d}\xi' \iint_{-\infty}^{+\infty} |G_1|^2 \mathrm{d}\eta' \mathrm{d}\xi' \qquad (4.40)$$

d'où :

$$|\mathcal{B}_3|^2 \leq \iint_{-\infty}^{+\infty} |G_0|^2 \mathrm{d}\eta' \mathrm{d}\xi' = |\mathcal{B}_3'|^2 \qquad (4.41)$$

le filtre adapté au signal donnera toujours la meilleure réponse. Il faut noter que si les lettres e du texte n'ont pas une orientation convenable ou des dimensions non adaptées au filtre, la réponse est moins bonne et la reconnaissance des lettres e risque d'être entachée d'erreur. Bien entendu, si on translate le signal c'est-à-dire la lettre e la réponse est toujours aussi bonne et c'est ce qui permet de reconnaître plusieurs lettres e dans un même texte.

L'expérience de la reconnaissance d'un caractère est résumée par les figures 4.9, 4.10 et 4.11. Dans un texte en caractères chinois on veut identifier le

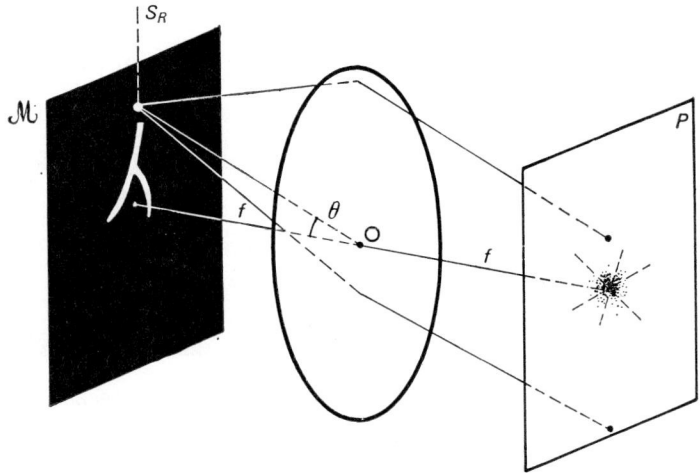

Fig. 4.9. — *Enregistrement du hologramme du caractère chinois 人.*

caractère 人. L'enregistrement du filtre se fait suivant le schéma de la figure 4.9 analogue à celui de la figure 4.7. Le plan $\mathcal{M}$ contient le caractère (signal) et un point source de référence S_R donnant l'onde cohérente. Le plan $\mathcal{M}$ est au foyer objet d'un objectif O et la plaque photographique P destinée à l'enregistrement est au foyer image de O. La source ponctuelle S_R et le caractère 人 sont éclairés par le même laser comme le montre la figure 4.10. Un objectif auxiliaire O' permet de focaliser une partie du faisceau incident sur le trou S_R. C'est un schéma analogue à celui de la figure 4.7, l'objectif O' remplaçant le prisme D. Pour l'identification, le texte (fig. 4.11) supposé contenir un grand nombre d'idéogrammes est placé en A sur la figure 4.8 et dans l'image $\mathcal{B}_3$ correspondant à l'autocorrélation on a un point brillant qui se place automati-

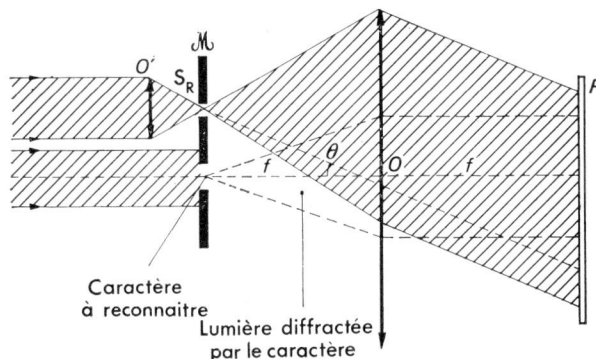

Fig. 4.10. — *Schéma des faisceaux dans l'enregistrement du hologramme du caractère à identifier.*

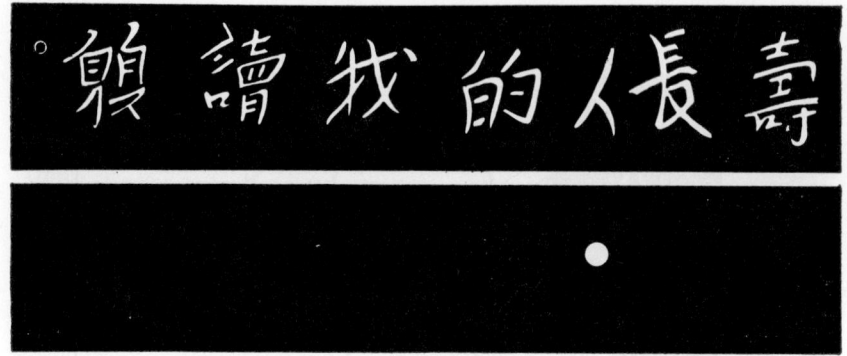

Fig. 4.11. — *Dans l'image $\mathcal{B}_3$, correspondant à la corrélation objet-signal, chaque caractère 人 est décelé par un point brillant.*

quement à l'emplacement de l'idéogramme à identifier. Il est évident que si l'objet contient des signaux de forme voisine de celle du signal recherché, il pourra y avoir des réponses parasites. Un certain nombre de méthodes ont été proposées qui permettent de réduire la probabilité de « fausse alarme » lorsque la corrélation du signal et du bruit est importante. Mais avant de terminer il nous faut donner la signification des idéogrammes de la figure 4.11 : *longue vie au lecteur.*

BIBLIOGRAPHIE

1. ABBE, E. — *Arch. f. mikroskopische Anatomic und Entwicklungsmechanik*, **9**, 413 (1893).
2. ARMSTRONG, J. — Fresnel Holograms : Their Imaging Properties and Aberrations, *IBM Journal of Research and Development*, **9**, 171-178 (1965).
3. ARMITAGE, J. D. and LOHMANN, A. W. — Character Recognition by Incoherent Spatial Filter, *Appl. Opt.*, **4** (4), 461-467 (1965).
4. ARMITAGE, J. D. and LOHMANN, A. W. — Character Recognition by Incoherent Spatial Filter, *Appl. Opt.*, **4**, 1666 (1965).
5. ARMITAGE, J. D., LOHMANN, A. W. and HERRICK, R. B. — Absolute Contrast Enhancement, *Appl. Opt.*, **4** (4), 445-451 (1965).
6. BAEZ, A. V. et EL SUM, H. M. A. — Effect of finite source size, radiation band bandwith, and object transmission in microscopy by reconstructed wavefronts in *X-Ray Microscopy and Microradiography Proceedings*, Academic, Press, New York, p. 347-366 (1957).
7. BAEZ, A. V. — Focusing by Diffraction, *Am. J. Phys.*, **20**, 311-312 (1952).
8. BAEZ, A. V. — A Study in Diffraction Microscopy with Special Reference to X-Rays, *J. Opt. Soc. Am.*, **42**, 756-762 (1952).
9. BAEZ, A. V. — Resolving Power in Diffraction Microscopy with Special Reference to X-Rays, *Nature*, **169**, 963-964 (1952).
10. BAKER, B. B. and COPSON, E. T. — *The Mathematical Theory of Huygen's Principle*, 2nd ed., Clarendon Press, Oxford, 1949.
11. BELSTAD, J. O. — Holograms and spatial filters processed and copied in position, *Appl. Opt.*, **6**, 171 (janv. 1967).
12. BERAN, M. J. and PARRENT, G. B., Jr. — *Theory of Partial Coherence*, Prentice-Hall, Inc., Englewood Cliffs, N. J. (1964).
13. BERNSTEIN, K. L. — Spatial Filtering with Partially Coherent Light, *J. Opt. Soc. Am.*, **54**, 571A (1964).
14. BORN, M. and WOLF, E. — *Principles of optics*, Pergamon Press, 2nd éd., p. 453 (1964).
15. BOSOMWORTH, D. R. and GERRITSEN. — Thick Holograms in Photochromic Materials, *Appl. Opt.*, **7**, 95 (janv. 1968).
16. BOUWKAMP, C. J. — Diffraction Theory, in A. C. Strickland (ed), *Progress in Physics*, vol. XVII, The Physical Society, London (1954).
17. BRACEWELL, R. N. — *The Fourier Transform and its Applications*, McGraw-Hill, Book Company, New York, 1965.
18. BRAGG, W. L. — An Optical Method of Representing the Results of X-Ray Analysis, *Z. Krist.*, **70**, 475-492 (1929).
19. BRAGG, W. L. — The X-Ray Microscope, *Nature*, **149**, 470-472 (1942).
20. BRAGG, W. L. — Microscopy by Reconstructed Wavefronts, *Nature*, **166**, 399-400 (1950).
21. BRAGG, W. L. and ROGERS, G. L. — Elimination of Unwanted Image in Diffraction Microscopy, *Nature*, **167**, 190-191 (1951).
22. BRANDT, G. B. — Hologram moire interferometry for transparent objects, *Appl. Opt.*, **6**, 1535 (sept. 1967).

23. BROOKS, R. E., HEFLINGER, L. O., WUERKER, R. F. and BRIONES, R. A. — Holographie Photography of High-Speed Phenomena with Conventional and Q-Switched Ruby Lasers, *Appl. Phys. Letters*, **7** (4), 92-96 (1965).
24. BROOKS, R. E., HEFLINGER, L. O. and WUERKER, R. F. — Interferometry with a Holographically Reconstructed Comparison Beam, *Appl. Phys. Letters*, **7**, 248-249 (1965).
25. BROOKS, R. E., HEFLINGER, L. O. and WUERKER, R. F. — Pulsed Laser Holograms, *IEEE J. Quantum Electron.*, QE-**2**, 275 (1966).
26. BROWN, W. M. — *Analysis of Linear Time Invariant Systems*, McGraw-Hill, New York (1963).
27. BRUMM, D. B. — Copying holograms, *Appl. Opt.*, **5**, 1946 (1966).
28. BRYNDAHL, O. — Polarizing Holography, *J. Opt. Soc. Am.*, **57**, 545 (1967).
29. BURCH, J. M., ENNOS, A. E. and WILTON, R. J. — Dual and multiple Beam interferometry by Wavefront Reconstruction, *Nature*, **209**, 1015 (1966).
30. BURCKHARDT, C. B., COLLIER, R. J. and DOHERTY, E. T. — Formation and inversion of pseudoscopic images, *Appl. Opt.*, **7**, 627 (avril 1968).
31. BUERGER, M. J. — Optically Reciprocal Gratings and Their Application to Synthesis of Fourier Series, *Proc. Nat. Acad. Sci.*, **27**, 117-124 (1941).
32. BUERGER, M. J. — Generalized Microscopy and the Two-Wavelength Microscope, *J. Appl. Phys.*, **21**, 909-917 (1950).
33. BUERGER, M. J. — The Photography of Atoms in Crystals, *Proc. Natl. Acad. Sci.*, **36**, 330-335 (1950).
34. CARCEL, J. T., RODEMANN, A. H., FLORMAN, E. and DOMESHEK, S. — Simplification of Holographic Procedures, *Appl. Opt.*, **5**, 1199 (1966).
35. CARTER, W. H. and DOUGAL, A. A. — Studies of Coherent Laser Illumination in Microscopy and Microholography, *IEEE Journal of Quantum Electronics*, QE-**2**, 44 (1966).
36. CARTER, W. H. and DOUGAL, A. A. — Field Range and Resolution in Holography, *J. Opt. Soc. Am.*, **56**, 1754 (1966).
37. CATHEY, W. T., Jr. — Three-Dimensional Wavefront Reconstruction Using a Phase Hologram, *J. Opt. Soc. Am.*, **55**, 457 (1965).
38. CATHEY, W. T., Jr. — Spatial Phase Modulation of Wavefront in Spatial Filtering and Holography, *J. Opt. Soc. Am.*, **56**, 1167 (1966).
39. CHAMPAGNE, E. B. — Non-Paraxial Imaging, Magnification and Aberration Properties in Holography, *J. Opt. Soc. Am.*, **57**, 51 (1967).
40. CHAU, H. H. and NORMAN, M. H. — Demonstration of the Application of Wavefront Reconstruction to Interferometry, *Appl. Opt.*, **5**, 1237 (1966) ; Zone Plate Theory Based on Holography, *Appl. Opt.*, **6**, 317 (1967).
41. COCHRAN, G. — New Method of Making Fresnel Transforms with Incoherent Light, *J. Opt. Soc. Am.*, **56**, 1513 (1966).
42. COLLIER, R. J. — Some Current Views on Holography, *IEEE Spectrum*, p. 67-74 (July 1966).
43. COLLIER, R. J., DOHERTY, E. T. and PENNINGTON, K. S. — Applications of Moire Techniques to Holography, *Appl. Phys. Letters*, **7**, 223-225 (1965).
44. COLLIER, R. J. and PENNINSTON, K. S. — Multicolor Imaging from Holograms Formed on Two-Dimensional Media, *Appl. Opt.*, **6**, 1091 (1967).
45. COLLINS, L. F. — Difference Holography, *Appl. Opt.*, **7**, 203 (1968).
46. CORCORAN, V. J., HERRON, R. W., Jr. and JARAMILLO, J. — Generation of a Hologram from a Moving Target, *Appl. Opt.*, **5** (4), 668-669 (1966).
47. CONSIDINE, P. S. — An Experimental Study of Coherent Imaging, *J. Opt. Soc. Am.*, **56**, 1001 (1966).
48. COSSLETT, V. E. — *Practical Electron Microscopy*, Academic Press, New York, p. 254-255 (1951).
49. COSSLETT, V. E. and NIXON, W. C. — *X-Ray Microscopy*, Cambridge University Press, New York, p. 17-18 (1960).

50. Cowley, J. M. — Stereoscopic Three-Dimensional Structure Analysis, *Acta Cryst.*, **9**, 399-401 (1956).
51. Cutrona, L. J., Leith, E. N., Palermo, C. J. and Porcello, L. J. — Optical Data Processing and Filtering Systems, *IRE Transactions on Information Theory*, IT-**6**, 3, 386 (1960).
52. Cutrona, L. J. — Recent Developments in Coherent Optical Technology, in *Optical and Electro-Optical Information Processing* (eds T. Tippett, A. Berkowitz, C. Clapp, J. Koester and A. Vanderburgh, Jr.), MIT Press, Cambridge, Mass., p. 83-123 (1965).
53. Cutrona, L. J., Leith, E. N., Procello, L. J. and Vivian, W. E. — On the Applications of Coherent Optical Processing Techniques to Synthetic Aperture Radars, *Proc. IEEE*, **54**, 1026 (1966).
54. Davenport, W. B., Jr. and Root, W. L. — *Random Signals and Noise*, chap. 12 and 13, McGraw-Hill Company, New York (1958).
55. De, M. and Sévigny, L. — Three Beam Holography, *Appl. Phys. Letters*, **10** (3), 78 (1967).
56. De, M. and Sévigny, L. — Polarization Holography, *J. Opt. Soc. Am.*, **57**, 110 (1967).
57. DeBitetto, D. J. — White Light Viewing of Surface Holograms by Simple Dispersion Compensation, *Appl. Phys. Letters*, **9** (12), 417 (1966).
58. Debrus, S., Françon, M. et May, M. — Interférométrie en lumière blanche diffuse, *Optics Communications*, n° 2 (1969).
59. Debrus, S., Françon, M. et May, M. — Interférométrie en lumière diffuse et à observation directe, *C. R. A. S.*, Paris *(sous presse)*.
60. Denisyuk, Y. N. — Photographie Reconstruction of the Optical Properties of an Object in Its Own Scattered Radiation Field, *Soviet Physics-Doklady*, **7**, 543-545 (1962) ; *Dokl. Akad. Nauk SSSR*, **144**, 1275-1278 (1962).
61. Denisyuk, Y. N. — On the Reproduction of Optical Properties of an Object by the Wave Field of Its Scattered Radiation, *Opt. Spectry. (USSR)*, **15**, 279-284 (1963) ; *Opt. i Spektroskopiya*, **15**, 522-532 (1963).
62. Denisyuk, Y. N. — On the Reproduction of Optical Properties of an Object by the Wave Field of Its Scattered Radiation II, *Opt. Spectry. (USSR)*, **18** (2), 152 (1965).
63. DeVelis, J. B., Parent, G. B., Jr. and Thompson, B. J. — Image Reconstruction with Fraunhofer Holograms, *J. Opt. Soc. Am.*, **56**, 423 (1966).
64. DeVelis, J. B. and Reynolds, G. O. — Magnification Limitations in Holography, *J. Opt. Soc. Am.*, **56**, 1414 A (1966).
65. DeVelis, J. B. and Reynolds, G. O. — *Theory and Applications og Holography*, Addison-Wesley (1967).
66. DeVelis, J. B. and Thompson, B. J. — Importance of Photographic Grain in Optical Processing, *J. Opt. Soc. Am.*, **56**, 1440 A (1966).
67. Diamond, F. I. — Magnification and Resolution in Wavefront Reconstruction, *J. Opt. Soc. Am.*, **57**, 503 (1967).
68. Djurle, E. and Back, A. — Some Measurements of the Effects of Air Turbulence on Photographic Images, *J. Opt. Soc. Am.*, **51**, 1029 (1961).
69. Dootey, R. P. — X-Band Holography, *Proc. IEEE*, **53** (1), 1733-1735 (1965).
70. Duffy, D. E. — Optical Reconstruction from Microwave Holograms, *J. Opt. Soc. Am.*, **56**, 832 (1966).
71. Dyson, J. — The Optical Synthesizer for the Gabor Diffraction Microscope, Communication 18 in *Proceedings of the First International Congress of Electron Microscopy*, Paris, 1950 (Institute of Optics, Paris, 1953), p. 126-128.
72. Dyson, J. — Common-Path Interferometer for Testing Purposes, *J. Opt. Scc. Am.*, **47**, 386 (1957).
73. Eaglesfield, C. C. — Resolution of X-Ray Microscopy by Hologram, *Electronic Letters*, **1**, 181-182 (1965).

74. ELIAS, P., GREY, D. S. and ROBINSON, D. Z. — Fourier Treatment of Optical Processes, *J. Opt. Soc. Am.*, **42**, 127 (1952).
76. ELIAS, P. — Optics and Communication Theory, *J. Opt. Soc. Am.*, **43**, 229 (1953).
77. EL SUM, H. M. A. — Reconstructed Wavefront Microscopy, doctoral dissertation, Stanford University, 1952 (Available from University Microfilm, Inc., Ann Arbor, Mich.).
78. EL SUM, H. M. A. — Information Retrieval from Phase-Modulating Media, in *Optical Processing of information* (eds D. K. Pollock, C. J. Kœster and J. T. Tippett), Spartan Books, Baltimore, Md., p. 86-97 (1963).
79. EL SUM, H. M. A. — Uses for holograms, *Science and Technology*, p. 50 (nov. 1967).
80. ENLOE, L. H., MURPHY, J. A. and RUBINSTEIN, C. B. — Hologram Transmission Via Television, *Bell. System Technical Journal*, **45**, 335 (1966).
81. FALCONER, D. G. and WINTHROP, J. T. — Fresnel Transform Spectroscopy, *Phys. Letters*, **14**, 190-191 (1965).
82. FRANÇON, M., LOWENTHAL, S., MAY, M. et PRAT, R. — Application des techniques de l'holographie à l'étude de la fonction de transfert, *C. R. Ac. Sc.*, **263**, 237 (1966).
83. FRIESEM, A. A. — Holograms on Thick Emulsions, *Appl. Phys. Letters*, **7** (4), 102-103 (1965).
84. FRIESEM, A. A. and FEDOROWICZ, R. J. — Recent Advances in Multicolor Wavefront Reconstruction, *Appl. Opt.*, **5**, 1085 (1966).
85. FRIESEM, A. A. and ZELENKA, J. S. — Effects of Film Nonlinearities in Holography, *Appl. Opt.*, **6**, 1755 (1967).
86. GABOR, D. — A New Microscopic Principle, *Nature*, **161**, 777-778 (1948).
87. GABOR, D. — Microscopy by Reconstructed Wave-Fronts, *Proc. Roy. Soc.* (London), A **197**, 454-487 (1949).
88. GABOR, D. — Diffraction Microscopy, *J. Appl. Phys.*, **19**, 1191 (1948).
89. GABOR, D. — Microscopy by Reconstructed Wave-Fronts, II, *Proc. Phys. Soc.*, B **64**, 449-469 (1951).
90. GABOR, D. — Diffraction Microscopy, *Research* (London), **4**, 107-112 (1951).
91. GABOR, D. — Generalized Schemes of Diffraction Microscopy, Communication 19, in *Proceedings of the First International Congress of Electron Microscopy*, Paris, 1950 (Institute of Optics, Paris, 1953), p. 129-137.
92. GABOR, D. — Light and Information, *Progress in Optics*, Vol. 1 (ed. E. Wolf), North Holland Publishing, Co., Amsterdam (1961).
93. GABOR, D. — Holography, or the « Whole Picture », Reprinted from *New Scientist*, p. 74-78 (13 January 1966).
94. GABOR, D. — Character Recognition by Holography, *Nature*, **208**, 422-423 (1965).
95. GABOR, D. et al. — Optical Image Synthesis (Complex Amplitude Addition and Subtraction) by Holographic Fourier Transformation, *Phys. Letters*, **18**, 116 (1965).
96. GABOR, D., STROKE, G. W., BRUMM, D., FUNKHOUSER, A. and LABEYRIE, A. — Reconstruction of Phase Objects by Holography, *Nature*, **208**, 1159-1162 (1965).
97. GABOR, D. and GOSS, W. P. — Interference Microscope with Total Wavefront Reconstruction, *J. Opt. Soc. Am.*, **56**, 849 (1966).
98. GATES, J. W. C. — Holography with Scatter Plates, *Journal of Scientific Instruments (Journal of Physics E)*, série 2, **1**, 989 (1968).
99. GEORGE, N. and MATTHEWS, J. W. — Holographic Diffraction Gratings, *Appl. Phys. Letters*, **9** (5), 212 (1966).
100. GIVENS, M. P. and SIEMENS, W. J. — The Experimental Production of Synthetic Holograms, *J. Opt. Soc. Am.*, **56**, 537 A (1966).

101. GOLDMAN, S. — Sideband Interpretation of Optical Information and the Diffraction Pattern of Unsymmetrical Pupil Functions, *J. Opt. Soc. Am.*, **52**, 1131-1142 (1962).
102. GOODMAN, J. W. — Some Effects of Target-Induced Scintillation on Optical Radar Performance, *Proc. IEEE*, **53**, 1688 (1965).
103. GOODMAN, J. W. et al. — Wavefront-Reconstruction Imaging through Random Media, *Appl. Phys. Letters*, **8**, 311 (1966).
104. GOODMAN, J. W. — Effects of Film Nonlinearities on Wavefront-Reconstruction Images of Diffuse Objects, *J. Opt. Soc. Am.*, **57**, 560 (1967).
105. GOODMAN, J. W. — Temporal Filtering Properties of Holograms, *Appl. Opt.*, **6**, 857 (1967).
106. GOODMAN, J. W. — Noise in Wavefront-Reconstruction Imaging, *J. Opt. Soc. Am.*, **57**, 493 (1967).
107. GOODMAN, J. W. — *Introduction to Fourier Optics*, McGraw-Hill (1968).
108. GOODMAN, J. W., HUNTLEY, W. H., Jr., JACKSON, D. W. and LEHMAN, M. — Wavefront Reconstruction Imaging through Random Media, *Appl. Phys, Lettes*, **8** (12), 311-313 (1966).
109. GREEN, R. B. — An Optical Activity Measuring Technique using Holography *Appl. Opt.*, **7**, 711 (1968).
110. GRANT, R. M., LILLIE, R. L. and BARNETT, N. E. — Underwater Holography, *J. Opt. Soc. Am.*, **56**, 1142 (1966).
111. HAINE, M. E. and DYSON, J. — A Modification to Gabor's Proposed Diffraction Microscope, *Nature*, **166**, 315-316 (1950).
112. HAINE, M. E. and MULVEY, T. — The Formation of the Diffraction Image with Electrons in the Gabor Diffraction Microscope, *J. Opt. Soc. Am.*, **42**, 763-773 (1952).
113. HAINE, M. E. and MULVEY, T. — Diffraction Microscopy with X-Rays, *Nature*, **170**, 202-203 (1952).
114. HAINE, M. E. and MULVEY, T. — Initial Results in the Practical Realisation of Gabor's Diffraction Microscope, Communication 17, in *Proceedings of the First International Congress of Electron Microscopy*, Paris, 1950 (Institute of Optics, Paris, 1953), p. 120-125.
115. HAINES, K. and HILDEBRAND, B. P. — Contour Generation by Wavefront Reconstruction, *Phys. Letters*, **19**, 10-11 (1965).
116. HAINES, K. A. and HILDEBRAND, B. P. — Surface Deformation Measurements using the Wavefront Reconstruction Technique, *Appl. Opt.*, **5** (4), 595 (avril 1966).
117. HAINE, M. E. — *The Electron Microscope*, Interscience Publishers, Inc., New York, p. 64-68 (1961).
118. HANSLER, R. L. — Application of Holographic Interferometry to the Comparison of Highly Polished Reflecting Surfaces, *Appl. Opt.*, **7**, 711 (1968).
119. HARRIS, F. S., Jr., SHERMAN, G. C. and BILLINGS, B. H. — Copying Holograms, *Appl. Opt.*, **5** (4), 665-666 (1966).
120. HELDER, D. W. and NORTH, R. J. — Schlieren Methods, National Physical Laboratory (Notes on Applied Science, n° 31, His Majesty's Stationery Office, London, England).
121. HELSTROM, C. W. — Image Luminance and Ray Tracing in Holography, *J. Opt. Soc. Am.*, **56** (4), 433 (1966).
122. HILDEBRAND, B. P. and HAINES, K. A. — Interferometric Measurements Using the Wavefront Reconstruction Technique, *Appl. Opt.*, **5** (1), 172 (1966).
123. HILDEBRAND, B. P. and HAINES, K. A. — Multiple-Wavelength and Multiple-Source Holography Applied to Contour Generation, *J. Opt. Soc. Am.*, **57**, 155 (1967).
124. HIOKI, R. and SUZUKI, T. — Reconstruction of Wavefronts in all Directions, *Japan J. Phys.*, **4**, 816 (1965).

125. HOENL, H., MAUE, A. W. and WESTPAFHAL, K. — Theorie der Beugung, in S. Fluegge (ed.), *Handbuch der Physik*, **25**, Springer-Verlag, Berlin (1961).
126. HOFFMAN, A. S., DOIDGE, J. G. and MOONEY, D. G. — Inverted Reference-Beam Hologram, *J. Opt. Soc. Am.*, **55**, 1559 (1965).
127. HORMAN, M. H. — Application of Wavefront Reconstruction to Interferometry, *J. Opt. Soc. Am.*, **55**, 615 (1965).
128. HORMAN, M. H. — An Application of Wavefront Reconstruction to Interferometry, *Appl. Opt.*, **4**, 333-336 (1965).
129. HUFNAGEL, R. E. and STANLEY, N. R. — Modulation Transfer Function Associated with Image Transmission through Turbulent Media, *J. Opt. Soc. Am.*, **54**, 52 (1964).
130. INGALLS, A. — The Effect of Film Thickness Variations on Coherent Light, *J. Phot. Sci. Eng.*, **4**, 135 (1960).
131. JACOBSON, A. D. and MCCLUNG, F. J. — Holograms Produced with Pulsed Laser Illumination, *Appl. Opt.*, **4** (11), 1559 (1965).
132. JACKSON, P. — Diffractive Processing of Geophysical Data, *Appl. Opt.*, **4** (4), 419-420 (1965).
133. JEONG, T. H., RUDOLPH, P. and LUCKETT, A. — 360° Holography, *J. Opt. Soc. Am.*, **56**, 1263 (1966).
134. KAILATH, T. in E. J. Gaghdady (ed.), *Channel Characterization : Time-variant Dispersive Channels, Lectures on Communication System Theory*, McGraw-Hill, Book Company, New York (1960).
135. KAKOS, A., OSTROVSKAYA, G. V., OSTROVSKII, Y. I. and ZAIDEL, A. N. — Interferometry Holographic Investigation of a Laser Spark, *Phys. Letters*, **23**, 81 (1966).
136. KANO, Y. and WOLF, E. — Temporal Coherence of Blackbody Radiation, *Proc. Phys. Soc.* (London), **80**, 1273 (1962).
138. KELLER, J. B. — Geometrical Theory of Diffraction, *J. Opt. Soc. Am.*, **52**, 116 (1962).
139. KELLEY, D. H. — Systems Analysis of the Photographic Process. I. A Three-Stage Model, *J. Opt. Soc. Am.*, **50**, 269 (1960).
140. KIRCHHOFF, G. — Zur Theorie der Lichtstrahlen, *Wiedemann Ann.*, **18** (2), 663 (1883).
141. KIRK, J. P. — Hologram on Photochromic Glass, *Appl. Opt.*, **5**, 1684 (1966).
142. KIRKPATRICK, P. and EL SUM, H. M. A. — Image Formation by Reconstructed Wavefronts. I. Physical Principles and Methods of Refinement, *J. Opt. Soc. Am.*, **46**, 825 (1956).
143. KNIGHT, G. — Effects of Film Non-linearities in Holography, doctoral dissertation, Stanford University (1967).
144. KNOX, C. — Holographic Microscopy as a Technique for Recording Dynamic Microscopic Subjects, *Science*, **153**, 989 (1966).
145. KOCK, W. E. — Hologram Television, *Proc. IEEE*, **54** (2), 331 (1966).
146. KOCK, W. E. and RENDEIRO, J. — Some Curious Properties of Holograms, *Proc. IEEE*, **53**, 1787 (1965).
147. KOCK, W. E., ROSEN, L. and RENDEIRO, J. — Holograms and Zone Plates, *Proc. IEEE*, **54**, 1599 (1966).
148. KOCK, W. E., ROSEN, L. and STROKE, G. W. — Focussed Image Holography, *Proc. IEEE*, **55**, 80 (1967).
149. KOGELNIK, H. — Holographic Image Projection Through Inhomogeneous Media, *Bell Syst. Tech. J.*, **44**, 2451-2455 (1965).
150. KOTTLER, F. — Electromagnetische Theorie der Beugung an Schwarzen Schirmen, *Ann. Physik*, **4**, 71, 457 (1923).
151. KOTTLER, F. — Zur Theorie der Beugung an Schwarzen Schirmen, *Ann. Physik*, **4**, 70, 405 (1923).

152. KOTTLER, F. — *Diffraction at a Black Screen*, in E. Wolf (ed.), *Progress in Optics*, vol. IV, North Holland Publishing Company, Amsterdam, 1965.
153. KOVASNAY, L. S. G. and ARMAN, A. — Optical Autocorrelation Measurement of Two-dimensional Random Patterns, *Rev. Sci. Instr.*, **28**, 793 (1957).
154. KOZMA, A. and KELLY, D. L. — Spatial Filtering of Signals with Additive Noise, *J. Opt. Soc. Am.*, **54**, 1395 (1964).
155. KOZMA, A. and KELLY, D. L. — Spatial Filtering for Detection of Signals Submerged in Noise, *Appl. Opt.*, **4**, 387 (1965).
156. KOZMA, A. — Photographic Recording of Spatially Modulated Coherent Light, *J. Opt. Soc. Am.*, **56**, 428 (1966).
157. KOZMA, A. and MASSEY, N. — Bias Level Reduction of Incoherent Holograms, *J. Opt. Soc. Am.*, **56**, 537 A (1966).
158. KREUZER, J. L. — Ultrasonic Three Dimensional Imaging Using Holographic Techniques, *Proc. Symp. Modern Optics*, Polytechnic Press, New York *(in press)*.
159. LADENBERG, R. W., LEWIS, B., PEASE, R. N. and TAYLOR, H. S. — *Physical Measurements in Gas Dynamics and Combustion*, Princeton University Press, Princeton, N. J. (1954).
160. LANDRY, M. J. — Copying Holograms, *Appl. Phys. Letters*, **9** (8), 303 (1966).
161. LEHMANN, M. and HUNTLEY, W. H., Jr. — Photographic Techniques with Coherent Monochromatic Light, Paper presented at the 10th Technical Symposium of the Society of Photographic Instrumentation Engineers, San Francisco, California (August 1965).
162. LEITH, E. N. — Photographic Film as an Element of a Coherent Optical System, *J. Phot. Sci. Eng.*, **6**, 75 (1962).
163. LEITH, E. N. and UPATNIEKS, J. — Holograms, Their Properties and Uses, *J. Soc. Photographic Instrumentation Engineers*, **4**, 3-6 (1965).
164. LEITH, E. N. and UPATNIEKS, J. — Imagery with Coherent Optics, *J. Soc. Photographic Instrumentation Engineers*, **3**, 123-126 (1965).
165. LEITH, E. N. and UPATNIEKS, J. — Reconstructed Wavefronts and Communication Theory, *J. Opt. Soc. Am.*, **52**, 1123 (1962).
166. LEITH, E. N. and UPATNIEKS, J. — Wavefront Reconstruction with Continuous-Tone Objects, *J. Opt. Soc. Am.*, **53**, 1377 (1963).
167. LEITH, E. N. and UPATNIEKS, J. — Wavefront Reconstruction with Diffused Illumination and Three-Dimensional Objects, *J. Opt. Soc. Am.*, **54**, 1295 (1964).
168. LEITH, E. N. and UPATNIEKS, J. — Wavefront Reconstruction Photography, *Phys. Today*, **18**, 26-31 (1965).
169. LEITH, E. N., UPATNIEKS, J., HILDEBRAND, B. P. and HAINES, K. — Requirements for a Wavefront Reconstruction Television Facsimile System, *Journal of the Society of Motion Picture and Television Engineers*, **74**, 893-896 (1965).
170. LEITH, E. N. and UPATNIEKS. J. — Photography by Laser, *Scientific American*, **212** (6), 24 (June 1965).
171. LEITH, E. N., UPATNIEKS, J. and HAINES, K. — Microscopy by Wavefront Reconstruction, *J. Opt. Soc. Am.*, **55** (8), 981 (August 1965).
172. LEITH, E. N., KOZMA, A. and UPATNIEKS, J. — Coherent Optical Systems for Data Processing, Spatial Filtering, and Wavefront Reconstruction, in *Optical and Electro-Optical Information Processing* (eds J. T. Tippett, A. Berkowitz, L. C. Clapp, C. J. Kœster and A. Vanderburgh, Jr.), MIT Press, Cambridge, Mass., p. 143-158 (1965).
173. LEITH, E. N., UPATNIEKS, J., KOZMA, A. and MASSEY, N. — Hologram Visual Displays, *J. Soc. Motion Picture and Television Engineers*, **75**, 323 (1966).
174. LEITH, E. N. *et al.* — Holographic Data Storage in Three-Dimensional Media, *Appl. Opt.*, **5**, 1303 (1966).

175. LEITH, E. N. and UPATNIEKS, J. — Holographic Imagery through Diffusing Media, *J. Opt. Soc. Am.*, **56**, 523 (1966).
176. LEITH, E. N., UPATNIEKS, J. and VAN DER LUGT, A. — Hologram Microscopy and Lens Aberration Compensation by the Use of Holograms, *Appl. Opt.*, **5**, 589 (1966).
177. LEITH, E. — Holography's Practical Dimension, *Electronics*, **25**, 88 (July 1966).
178. LIGHTHILL, M. J. — *Introduction to Fourier Analysis and Generalized Functions*, Cambridge University Press, New York (1960).
179. LIN, L. H. and LO BIANCO, C. V. — Experimental Techniques in Making Multicolor White Light Reconstructed Holograms, *Appl. Opt.*, **6** (7), 1255 (1967).
180. LIN, L. H., PENNINGTON, K. S., STROKE, G. W. and LABEYRIE, A. E. — Multicolor Holographic Image Reconstruction with White Light Illumination, *Bell Syst. Tech. Journ.*, **45** (4), 659 (1966).
181. LINFOOT, E. N. — *Recent Advances in Optics*, Clarendon Press, Oxford (1955).
182. LIPPMANN, G. — Sur la théorie de la photographie des couleurs simples et composées par la méthode interférentielle, *J. Phys.*, **3**, 97 (1894).
183. LOHMANN, A. W. — Wavefront Reconstruction for Incoherent Objects, *J. Opt. Soc. Am.*, **55**, 1555 (1965).
184. LOHMANN, A. W. and PARIS, D. P. — Space-Variant Image Formation, *J. Opt. Soc. Am.*, **55**, 1007 (1965).
185. LOHMANN, A. — Reconstruction of Vectorial Wavefronts, *Appl. Opt.*, **4**, 1667 (1965).
186. LOHMANN, A. and BROWN, B. R. — Complex Spatial Filtering with Binary Masks, *Appl. Opt.*, **5**, 967 (1966).
187. LOHMANN, A. and PARIS, D. P. — Binary Image Holograms, *J. Opt. Soc. Am.*, **56**, 537 A (1966).
188. LOWENTHAL, S. et BELVAUX, Y. — Reconnaissance des formes en optique par traitement de signaux dérivés, *C. R. Ac. Sc.*, Paris, **262**, 413 (1966).
189. LOWENTHAL, S. et BELVAUX, Y. — Holographie interférométrique en lumière diffuse, *C. R. Ac. Sc.*, Paris, **263**, 9904 (1966).
190. LOWENTHAL, S. et WERTS, A. — Restitution d'hologrammes en lumière partiellement cohérente, *C. R. Ac. Sc.*, Paris, **264**, 971 (1967).
191. LOWENTHAL, S. et BELVAUX, Y. — Progrès récents en optique cohérente. Filtrage des fréquences spatiales. Holographie, *Revue d'Optique*, **46**, 1 (1967).
192. LOWENTHAL, S. et WERTS, A. — Filtrage des fréquences spatiales en lumière incohérente à l'aide d'hologrammes, *C. R. Ac. Sc.*, Paris, **266**, 542 (1968).
193. LOWENTHAL, S. et WERTS, A. — Congrès d'optique de Florence : utilisation de la lumière spatialement incohérente en holographie, *C. R. Ac. Sc.*, **268**, 841 (1969).
194. LOWENTHAL, S., FROEHLI, C. et SERRES, J. — Spectrographie à haute luminosité et faible bruit par application des techniques holographiques, *C. R. Ac. Sc.*, note présentée le 19 mai 1969.
195. LURIE, M. — Effects of Partial Coherence on Holography with Diffuse Illumination, *J. Opt. Soc. Am.*, **56**, 1369 (1966).
196. MACCHIA, J. T. and WHITE, D. L. — Coded Multiple Exposure Holograms, *Appl. Opt.*, 91 (janv. 1968).
197. MANDEL, L. — Color Imagery by Wavefront Reconstruction, *J. Opt. Soc. Am.*, **55**, 1697-1698 (1965).
198. MANDEL, L. and WOLF, E. — Coherence Properties of Optical Fields, *Rev. Mod. Phys.*, **37**, 231 (1965).
199. MANDEL, L. — Wavefront Reconstruction with Light of Finite Coherence Length, *J. Opt. Soc. Am.*, **56**, 1636 (1966).
200. MAROM, E. — Color Imagery by Wavefront Reconstruction, *J. Opt. Soc. Am.*, **57**, 101 (1967).

201. MARQUET, M. et ROYER, H. — Études des aberrations géométriques des images reconstituées par holographie, *C. R. Ac. Sc.*, Paris, **260**, 6051-6053 (9 juin 1965).
202. MARQUET, M. and SAGET, J. C. — The Influence of the Object Support in Coherent Optics, *Compt. Rend.*, **261**, 4681-4684 (1965).
203. MARQUET, M., FORTUNATO, G. and ROYER, H. — Theoretical Study of the Object-Image Correspondance in Holography, *Compt. Rend.*, **261**, 3553-3555 (1965).
204. MARQUET, M., BOURGEON, M. A. et SAGET, J. C. — Interférométrie par holographie, *Revue d'Optique*, **45** (45) (11), 501 (nov. 1966).
205. MARQUET, M. — Limitations dues au récepteur photographique en holographie, *Bulletin de Photogrammétrie* (juil. 1968).
206. MARQUET, M. et ODIER, M. — Stockage par holographie d'informations tridimensionnelles de mesure. Application à la scintigraphie, *C. R. Ac. Sc.*, **268**, 916 (31 mars 1969).
207. MARÉCHAL, A. and CROCE, P. — A Filter of Spatial Frequencies for the Improvement of the Contrast of Optical Images, *Compt. Rend.*, **237**, 607 (1953).
208. MARÉCHAL, A. and FRANÇON, M. — *Diffraction*, Éditions de la Revue d'Optique, Paris (1960).
209. MARTIENSSEN, W. and SPILLER, S. — Holographic Reconstruction without Granulation, *Phys. Letters*, **24** A (2), 126 (1967).
210. MEES, C. E. K. — *The Theory of the Photographic Process* (rev. ed.), The MacMillan Company, New York (1954).
211. MEIER, R. W. — Depth of Focus and Depth of Field in Holography, *J. Opt. Soc. Am.*, **55**, 1693-1694 (1965).
212. MEIER, R. W. — Magnification and Third-Order Aberrations in Holography, *J. Opt. Soc. Am.*, **55**, 987-992 (1965).
213. MEIER, R. W. — Cardinal Points and the Novel Imaging Properties of a Holographic System, *J. Opt. Soc. Am.*, **56**, 219-223 (1966).
214. MERTZ, L. and YOUNG, N. O. — Fresnel Transformations of Images, in K. J. Habell (ed.), *Proc. Conf. Optical Instruments and Techniques*, p. 305, John Wiley and Sons, New York (1963).
215. MERTZ, L. — *Transformations in Optics*, John Wiley and Sons, Inc., New York (1965).
216. METHERELL, A. F., EL SUM, H. M. A., DREKER, J. J. and LARMORE, L. — Optical Reconstruction from sampled Holograms made with Sound Waves, *Phys. Letters*, **24** (10), 547 (1967).
217. METHERELL, A. F., EL SUM, H. M. A. and LARMORE, L. — *Acoustical Holography*, Plenum Press, New York (1968).
218. MEYER-ARENDT, J. R. — An Approach to Stereoscopic Wavefront Reconstruction, *J. Opt. Soc. Am.*, **51**, 1468 A (1961).
219. MEYER-ARENDT, J. R. — Three-Dimensional Wavefront Reconstruction, *Appl. Opt.*, **2**, 409-410 (1963).
220. MUELLER, R. K. and SHERRIDON, N. K. — Sound Holograms and Optical Reconstruction, *Appl. Phys. Letters*, **9**, 328 (1966).
221. MUELLER, R. K., MAROM, E. and FRITZLER, D. — Electronic simulation of a variable inclination reference for acoustic holography via the ultrasonic camera, *Appl. Phys. Letters*, **12** (11), 394 (1968).
222. O'NEILL, E. L. — Selected Topics in Optics and Communication Theory, Boston University, Department of Physics (1957).
223. O'NEILL, E. L. — *Introduction to Statistical Optics*, Addison-Wesley Publishing Co., Inc., Reading, Mass. (1963).
224. O'NEILL, E. L. — Spatial Filtering in Optics, *Trans IRE PGIT*, **2**, 56 (1956).

225. O'NEILL, E. L. (ed). — *Communication and Information Theory Aspects of Modern Optics*, General Electric Co., Electronics Laboratory, Syracuse, N. Y. (1962).
226. O'NEILL, E. L. — *An Introduction to Quantum Optics*, Publication of Department of Physics, University of California, Berkeley (1965).
227. NEUMANN, D. B. — Geometrical Relationships Between the Original Object and the Two Images of a Hologram Reconstruction, *J. Opt. Soc. Am.*, **56**, 858 (1966).
228. OFFNER, A. — Ray Tracing Through a Holographic System, *J. Opt. Soc. Am.*, **56**, 1509 (1966).
229. OLIVER, B. M. — Sparkling Spots in Random Diffraction, *Proc. IEEE*, **51**, 220 (1963).
230. ORR, L. W., TEHON, S. W. and BARNETT, N. E. — Isophase surfaces in Interference Holography, *Appl. Opt.*, 203 (1968).
231. OSTERBERG, H. — Reconstruction of Objects from Their Diffraction Images, *J. Opt. Soc. Am.*, **56**, 723 (1966).
232. PARRENT, G. B. and THOMPSON, B. J. — On the Fraunhofer (Far Field) Diffraction Patterns of Opaque and Transparent Objects with Coherent Background, *Opt. Acta*, **11**, 183 (1964).
233. PARRENT, G. B. and REYNOLDS, G. O. — Resolution Limitations of Lensless Photography, *J. Opt. Soc. Am.*, **55**, 1566 A (1965) ; *Journal of the Society of Photographic Instrumentation Engineers*, **3**, 219-220 (1965).
234. PARRENT, G. B. and REYNOLDS, G. O. — A Space Bandwidth Theorem for Holograms, *J. Opt. Soc. Am.*, **56**, 1400 (1966).
235. PAPOULIS, A. — *The Fourier Integral and Its Applications*, p. 27, McGraw-Hill Book Company, New York (1963).
236. PAQUES, H. and SMIGIELSKI, P. — Holographic, *Opt. Acta*, **12**, 359-378 (1965).
237. PAQUES, H. and SMIGIELSKI, P. — Cineholography, *Compt. Rend.*, **260**, 6562-6564 (1965).
238. PEARCEY, T. — *Table of the Fresnel Integral*, Cambridge University Press, New York (1956).
239. PETERS, P. J. — Incoherent Holograms with Mercury Light Source, *Appl. Phys. Letters*, **8** (8), 209 (1966).
240. PENNINGTON, K. S. and COLLIER, R. J. — Hologram Generated Ghost Image Experiments, *Appl. Phys. Letters*, **8** (1), 14-16 (1966).
241. PENNINGTON, K. S. and COLLIER, R. J. — Ghost Imaging by Holograms Formed in the Near Field, *Appl. Phys. Letters*, **8**, 44 (1966).
242. PENNINGTON, K. S. and LIN, L. H. — Multicolor Wavefront Reconstruction, *Appl. Phys. Letters*, **7**, 56-57 (1965).
243. PINNOCK, P. R. and TAYLOR, C. A. — The Determination of the Signs of Structure Factors by Optical Methods, *Acta Cryst.*, **8**, 687 (1955).
244. POLE, R. V. — 3-D Imagery and Holograms of Objects Illuminated in White Light, *Appl. Phys. Letters*, **10** (1), 20 (1967).
245. POLLACK, D. K., KOESTER, C. J. and TIPPETT, J. T. (eds). — *Optical Processing of Information*, Spartan Books, Inc., Baltimore, Md. (1963).
246. POWELL, R. L. and STETSON, K. A. — Interferometric Vibration Analysis of Three-Dimensional Objects by Wavefront Reconstruction, *J. Opt. Soc. Am.*, **55**, 612 (1965).
247. POWELL, R. L. and STETSON, K. A. — Interferometric Vibration Analysis by Wavefront Reconstruction, *J. Opt. Soc. Am.*, **55**, 1593 (1965).
248. PRESTON, K., Jr. — Computing at the Speed of Light, *Electronics*, **38** (18), 72-83 (1965).
249. PRESTON, K., Jr. — Use of the Fourier Transformable Properties of Lenses for Signal Spectrum Analysis, *in* J. T. Tipett *et al.* (eds), *Optical and Electro-optical Information Processing*, M. I. T. Press, Cambridge, Mass. (1965).

250. RATCLIFFE, J. A. — Some Aspects of Diffraction Theory and Their Application to the Ionosphere, *in* A. C. Strickland (ed.), *Reports on Progress in Physics*, vol. XIX, The Physical Society, London (1956).
251. RAYLEIGH, L. — On the Passage of Waves Through Apertures in Plane Screens and Allied Problems, *Phil. Mag.*, **43**, 259 (1897).
252. REYNOLDS, G. O. and SKINNER, T. J. — Mutual Coherence Function Applied to Imaging through a Random Medium, *J. Opt. Soc. Am.*, **54**, 1302 (1964).
253. REYNOLDS, G. O. and MUELLER, P. F. — Image Restoration by Removal of Random Media Distortions, *J. Opt. Soc. Am.*, **56**, 1438 A (1966).
254. REYNOLDS, G. O. and DEVELIS, J. B. — Hologram Coherence Effects, *J. IEEE Trans.*, AP-**15**, 41 (1967).
255. RHODES, J. — Analysis and Synthesis of Optical Images, *Am. J. Phys.*, **21**, 337 (1953).
256. RIGLER, A. K. — Wavefront Reconstruction by Reflection, *J. Opt. Soc. Am.*, **55** (12), 1693 (1965).
257. RIGDEN, J. D. and GORDON, E. I. — The Granularity of Scattered Optical Laser Light, *Proc. IRE*, **50**, 2367 (1962).
258. ROGERS, G. L. — Gabor Diffraction Microscopy : the Hologram as a Generalized Zone Plate, *Nature*, **166**, 237 (1950).
259. ROGERS, G. L. — Experiments in Diffraction Microscopy, *Proc. Roy. Soc. (Edinburgh)*, A **63**, 193-221 (1950-1951).
260. ROGERS, G. L. — The Black and White Hologram, *Nature*, **166**, 1027 (1950).
261. ROGERS, G. L. — Polarization Effects in Holography, *J. Opt. Soc. Am.*, **56**, 831 (1966).
262. ROGERS, G. L. — Artificial Holograms and Astigmatism, *Proc. Roy. Soc. (Edinburgh)*, A **63**, 313-325 (1951-1952).
263. ROGERS, G. L. — Two Hologram Methods in Diffraction Microscopy, *Proc. Roy. Soc. (Edinburgh)*, A **64**, 209 (1954-1955).
264. ROGERS, G. L. — Phase-Contrast Holograms, *J. Opt. Soc. Am.*, **55**, 1181 (1965).
265. ROGERS, G. L. — The Design of Experiments for Recording and Reconstructing Three-Dimensional Objects in Coherent Light (Holography), *Journal of Scientific Instruments*, **43** (1966).
266. ROSE, H. W. — Effect of Carrier Frequency on Quality of Reconstructed Wavefronts, *J. Opt. Soc. Am.*, **55**, 1565-1566 A (1965).
267. ROSEN, L. — Focused-Image Holography with Extended Sources, *Appl. Phys. Letters*, **9** (9), 337 (1966).
268. ROSEN, L. — Holograms of the Aerial Image of a Lens, *Proc. IEEE*, **55**, 79 (1967).
269. ROSEN, L. — The Pseudoscopic Inversion of Holograms, *Proc. IEEE*, **55**, 118 (1967).
270. ROSEN, L. and CLARK, W. — Film Plane Holograms without External Source Reference Beams, *Appl. Phys. Letters*, **10** (5), 140 (1967).
271. ROTZ, F. B. and FRIESEM, A. A. — Holograms with Non-Pseudoscopic Real Images, *Appl. Phys. Letters*, **8** (6), 146 ; **8** (9), 240 (1966).
272. ROYER, H. — A Contribution to the Study of Information in Holography, *Compt. Rend.*, **261**, 4003-4006 (1965).
273. RUBINOWICZ, A. — The Miyamoto-Wolf Diffraction Wave, in E. Wolf (ed.), *Progress in Optics*, vol. IV, North Holland Publishing Company, Amsterdam (1965).
274. RUSSO, V. and SOTTINI, S. — Bleached Holograms, *Appl. Opt.*, **7**, 202 (1968).
275. SAKAI, H. and VANASSE, G. A. — Hilbert Transform in Fourier Spectroscopy, *J. Opt. Soc. Am.*, **56**, 131 (1966).
276. SILVER, S. — Microwave Aperture Antennas and Diffraction Theory, *J. Opt. Soc. Am.*, **52**, 131 (1962).

277. SILVERMAN, B. A., THOMPSON, B. J. and WARD, J. — A Laser Fog Disdrometer, *J. Appl. Meteorol.*, **3**, 792 (1964).
278. SHERMAN, G. C. — Reconstructed Wave Forms with Large Diffraction Angles, *J. O. S. A.*, **57**, 1160 (1967).
279. SKINNER, T. J. — Energy Considerations, Propagation in a Random Medium and Imaging in Scalar Coherence Theory, Ph. D. Thesis, Boston University (1965).
280. SOMMERFELD, A. — Mathematische Theorie der Diffraction, *Math. Ann.*, **47**, 317 (1896).
281. SOMMERFELD, A. — Optics, Lectures on Theoretical Physics, vol. IV, Academic Press, Inc., New York (1954).
282. SOROKO, L. M. — *Uspecki fizitcheskick nauk*, U. R. S. S., **90** (1) (1966).
283. STETSON, K. A. and POWELL, R. L. — Hologram Interferometry, *J. Opt. Soc. Am.*, **56** (9), 1161 (sept. 1966).
284. STETSON, K. A. and POWELL, R. L. — Interferometric Hologram Evaluation and Real-Time Vibration Analysis of Diffuse Objects, *J. Opt. Soc. Am.*, **55**, 1694-1695 (1965).
285. STROKE, G. W. and FALCONER, D. G. — Attainment of High Resolutions in Wavefront-Reconstruction Imaging, *Phys. Letters*, **13**, 306-309 (1964).
286. STROKE, G. W. and FALCONER, D. G. — Attainment of High Resolutions in Wavefront-Reconstruction Imaging, II, *J. Opt. Soc. Am.*, **55**, 595 A (1965).
287. STROKE, G. W., RESTRICK, R., FUNKHOUSER, A., BRUMM, D. and GABOR, D. — Optical Image Synthesis (Complex Amplitude Addition and Subtraction) by Holographic Fourier Transformation, *Phys. Letters*, **18** (2), 116-118 (1965).
288. STROKE, G. W. and RESTRICK, R. C., III. — Holography with Spatially Non-coherent Light, *Appl. Phys. Letters*, **7**, 229 (1965).
289. STROKE, G. W. — Lensless Fourier Transform Method for Optical Holography, *Appl. Phys. Letters*, **6**, 201 (1965).
290. STROKE, G. W. — Lensless Photography, *International Science and Technology*, n° 41, p. 52 (May 1965).
291. STROKE, G. W. — White Light Reconstruction of Holographic Images, *Phys. Letters*, **23**, 325 (1966).
292. STROKE, G. W. and FALCONER, D. G. — Attainment of High Resolutions in Holography by Multi-directional Illumination and Moving Scatterers, *Phys. Letters*, **15** (3), 238-240 (1965).
293. STROKE, G. W. and LABEYRIE, A. — Two-Beam Interferometry by Successive Recording of Intensities in a Single Hologram, *Appl. Phys. Letters*, **8**, 42 (1966).
294. STROKE, G. W. and ZECH, R. G. — White Light Reconstructions of Color Images from Black and White Volume Holograms Recorded on Sheet Film, *Appl. Phys. Letters*, **9** (5), 215 (1966).
295. STROKE, G. W., WESTERVELT, F. H. and ZECH, R. G. — Holographic Synthesis of Computer Generated Holograms, *Proc. IEEE*, **55**, 109 (1967).
296. STROKE, G. W., BRUMM, D., FUNKHOUSER, A., LABEYRIE, A. and RESTRICK, R. — On the Absence of Phase-Recording or « Twin-Image » Separation Problems in « Gabor » (In-Line) Holography, *Brit. J. Appl. Phys.*, **17**, 497 (1966).
297. STROKE, G. W., FUNKHOUSER, A., LEONARD, C., INDEBETOUW, G. and ZECH, R. G. — Hand-Held Holography, *J. Opt. Soc. Am.*, **57**, 110 (1967).
298. STROKE, G. W. and LABEYRIE, A. E. — White Light Reconstruction of Holographic Images Using the Lippman-Bragg Diffraction Effect, *Phys. Letters*, **20** (4), 368-370 (1966).

299. STROKE, G. W. and LABEYRIE, A. — Interferometric Reconstruction of Phase Objects using Diffuse Coding and two Holograms, *Phys. Letters*, **20**, 157 (1966).
300. STROKE, G. W. — *An Introduction to Coherent Optics and Holography*, Academic Press, Inc., New York and London (1966).
301. TANNER, L. H. — Some Applications of Holography in Fluid Mechanics, *J. Sci. Instr.*, **43**, 81 (1966) ; The Application of Lasers to Time-Resolved Flow Visualization, *J. Sci. Instr.*, **43**, 353 (1966) ; On the Holography of Phase Objects, *J. Sci. In str.*, **43**, 346 (1966).
302. THOMPSON, B. J. — Illustration of the Phase Change in Two-Beam Interference with Partially Coherent Light, *J. Opt. Soc. Am.*, **48**, 95 (1958).
303. THOMPSON, B. J. — A New Method of Measuring Particle Size by Diffraction Techniques, Proceedings of the Conference on Photographic and Spectroscopic Optics, 1964, *Japan. J. App. Phys.*, **4**, 302-307 (1965), Suppl. I.
304. THOMPSON, B. J., PARRENT, G. B., JUSTH, B. and WARD, J. — A Readout Technique for the Laser Fog Disdrometer, *J. Appl. Meteorol.*, **5**, 343 (1966).
305. THOMPSON, B. J. — Advantages and Problems of Coherence as Applied to Photographic Situations, *Journal of the Society of Photographic Instrumentation Engineers*, **4**, 7-11 (1965).
306. THOMPSON, B. J. and WOLF, E. — Two-Beam Interference with Partially Coherent Light, *J. Opt. Soc. Am.*, **47**, 895 (1957).
307. THOMPSON, B. J., WARD, J. H. and ZINKY, W. R. — Application of Hologram Techniques for Particle Size Analysis, *Appl. Opt.*, **6**, 519 (1967).
308. THOMPSON, B. J. and PARRENT, G. B., Jr. — Holography, *Sci. Jour.*, **3** (1), 42 (1967).
309. THIRY, H. — Power Spectrum of Granularity as Determined by Diffraction, *J. Phot. Sci. Eng.*, **11**, 69 (1963) ; Some Qualitative and Quantitative Results on Spatial Filtering or Granularity, *Appl. Opt.*, **3**, 39 (1964).
310. TIPPETT, J. T. et al. (eds). — *Optical and Electro-optical Information Processing*, The M. I. T. Press, Cambridge, Mass., 1965.
311. TOLLIN, P., MAIN, P., ROSSMANN, M. G., STROKE, G. W. and RESTRICK, R. C. — Holography and its Crystallographic Equivalent, *Nature*, **209**, 603 (1966).
312. TRABKA, E. A. and ROCTLING, P. G. — Image Transformations for Pattern Recognition Using Incoherent Illumination and Bipolar Aperture Masks, *J. Opt. Soc. Am.*, **54**, 1242 (1964).
313. TRICOLES, G. and ROPE, E. L. — Wavefront Reconstruction with Centimeter Waves, *J. Opt. Soc. Am.*, **56**, 542 A (1966).
314. TRICOLES, G. and ROPE, E. L. — Reconstructions of Visible Images from Recuced-Scale Replicas of Microwave Holograms, *J. Opt. Soc. Am.*, **57**, 97 (1967).
315. TURIN, G. L. — An Introduction to Matched Filters, *IRE Trans. Inform. Theory*, IT-**6**, 311 (1960).
316. TYLER, G. L. — The Bistatic, continuous-Wave Radar Method for the Study of Planetary Surfaces, *J. Geophys. Res.*, **71**, 1559 (1966).
317. UPATNIEKS, J., VANDER LUGT, A. and LEITH, E. N. — Correction of Lens Aberrations by Means of Holograms, *Appl. Opt.*, **5** (4), 589-593 (1966).
318. URBACH, J. C. and MEIER, R. W. — Thermoplastic Xerographic Holography, *Appl. Opt.*, **5** (4), 666-667 (1966).
319. URBACH, J. C. — The Role of Screening in Thermoplastic Xerography, *J. S. P. S. E.*, **10**, 287 (1966).
320. VANDER LUGT, A. B. — Signal Detection by Complex Spatial Filtering, *Radar Lab., Rept. No.* 4594-22-T, Institute of Science and Technology, The University of Michigan, Ann Arbor (1963).
321. VANDER LUGT, A. B. — Signal Detection by Complex Spatial Filtering, *IEEE Trans. Inform. Theory*, IT-**10**, 2 (1964).

322. VANDER LUGT, A., ROTZ, F. B. and KLOOSTER, A. Jr.,- Character Reading by Optical Spatial Filtering, in *Optical and Electro-Optical Information Processing* (eds J. T. Tippett, D. A. Berkowitz, L. C. Clapp, C. J. Kœster and A. Vanderburgh, Jr.), MIT Press, Cambridge, Mass., p. 125-142 (1965).
323. VANDER LUGT, A. — *Appl. Phys. Letters*, **8** (2), 42 (1966).
324. VANDER LUGT, A. — A Review of Optical Data, Processing Techniques, *Opt. Acta*, **15** (1), 1-33 (1968).
325. VAN HEERDEN, P. J. — A New Optical Method of Storing and Retrieving Information, *Appl. Opt.*, **2**, 387-391 (1963).
326. VAN HEERDEN, P. J. — Theory of Optical Information Storage in Solids, *Appl. Opt.*, **2**, 393-400 (1963).
327. VAN LIGTEN, R. F. — Influence of Photographic Film on Wavefront Reconstruction. I. Plane Wavefronts, *J. Opt. Soc. Am.*, **56**, 1 (1966).
328. VAN LIGTEN, R. F. — Influence of Photographic Film on Wavefront Reconstruction. II. Cylindrical Wavefronts, *J. Opt. Soc. Am.*, **56**, 1009 (1966).
329. VAN LIGTEN, R. F. and OSTERBERG, H. — Holographic Microscopy, *Nature*, **211**, 282-283 (1966).
330. VIENOT, J. Ch. et BULABOIS, J. — Filtrage par hologramme d'un signal optique complexe ; application au recalage des cartes de radar, *Revue d'Optique*, **44** (12), 621 (1965).
331. VIENOT, J. Ch. et MONNERET, J. — Application de l'holographie au contraste de phase et à la strioscopie, *C. R. Ac. Sc.*, Paris, **262** B, 671 (1966).
332. VIENOT, J. Ch. et BULABOIS, Y. — Différenciation spectrale et filtrage par hologramme de signaux optiques faiblement décorrélés, *Opt. Acta*, **14** (1), 57-70 (1967).
333. VIENOT, J. Ch., FROEHLY, C., MONNERET, J. and PASTEUR, J. — Hologram Interferometry Surface Displacement Frince Analysis as an Approach to the study of Mechanical Strains and other Applications to the Determination of Anisotropy in Transparent Objects, *Comm. présentée au Symposium on the Engineering Uses of Holography*, Glasgow, 17-20 sept. 1968 et actes du Congrès.
334. VIENOT, J. Ch., FROEHLY, C., MONNERET, J. et PASTEUR, J. — Étude des faibles déplacements d'objets opaques et de la distorsion optique dans les lasers à solide par interférométrie holographique, *Comm. présentée au Symposium on Applications of Coherent Light*, Florence, 23-27 sept. 1968, en publication dans *Opt. Acta*.
335. VIENOT, J. Ch. et PERRIN, G. — Transmission des hologrammes au moyen d'une chaîne de télévision, *C. R. Ac. Sc.*, Paris, **267** B, 1137 (nov. 1968).
336. VIENOT, J. Ch. et MONNERET, J. — Interférométrie et photoélasticimétrie holographiques, *Revue d'Optique*, **46** (2), 75 (1967).
337. VIENOT, J. Ch., ROYER, J. et SMIGIELSKI, P. — *Holographie, applications*, Dunod *(sous presse)* (1969).
338. VOGL, T. P. and RIGLER, A. K. — Some Techniques for Increasing the Brightness and Angular Coverage of Wavefront Reconstructions, *J. Opt. Soc. Am.*, **55**, 1566 (1965).
339. WALTERS, A. — The Question of Phase Retrieval in Optics, *Opt. Acta*, (1), 41 (1963).
340. WARD, J. H. and THOMPSON, B. J. — In-Line Hologram System for Bubble Chamber Recording, *J. Opt. Soc. Am.*, **57**, 275 (1967).
341. WATERS, J. P. — Holographic Image Synthesis Utilizing Theoretical Methods, *Appl. Phys. Letters*, **9** (11), 405 (1966).
342. WELFORD, W. T. — Obtaining Increased Focal Depth in Bubble Chamber Photography by an Application of the Hologram Principle, *Appl. Opt.*, **5** (5), 872 (1966).

343. WINTHROP, J. T. and WORTHINGTON, C. R. — X-Ray Microscopy by Successive Fourier Transformation, *Phys. Letters*, **15**, 124-126 (1965).
344. WINTHROP, J. T. and WORTHINGTON, C. R. — Convolution Formulation of Fresnel Diffraction, *J. Opt. Soc. Am.*, **56**, 588 (1966) ; Fresnel Transform Representation of Holograms and Hologram Classification, *J. Opt. Soc. Am.*, **56**, 1362 (1966).
345. WOLF, E. and MARCHAND, E. W. — Comparison of the Kirchhoff and the Rayleigh-Sommerfeld Theories of Diffraction at an Aperture, *J. Opt. Soc. Am.*, **54**, 587 (1964).
346. WORTHINGTON, H. R., Jr. — Production of Holograms with Incoherent Illumination, *J. Opt. Soc. Am.*, **56**, 1397 (1966).
347. YOUNG, N. O. — Photography Without Lenses or Mirrors, *Sky and Telescope*, **25**, 8-9 (1963).
348. ZERNIKE, F. — Phasenkontrastverfahren bei der mikroskopischen Beobachtung, *Z. Tech. Phys.*, **16**, 454 (1935).

INDEX ALPHABÉTIQUE

(Les nombres renvoient aux pages)

A

Aberrations d'un objectif (correction), 55.
Autoconvolution d'un signal, 100.
Autocorrélation d'un signal, 100.

B

Bragg (condition de), 45.

C

Cohérence (lasers), 13.
Cohérence spatiale, 7.
Cohérence temporelle, 10.
Contraste de phase, 5.
Corrélation objet-signal, 100.

D

Densité optique, 21.
Diffraction à l'infini (Fraunhofer), 14, 93.
Diffraction de Fresnel, 17.
Diffraction par un réseau d'amplitude, 18.
Diffraction par un réseau de phase, 19.
Diffraction par un réseau sinusoïdal, 20.
Disque d'Airy, 17.

E

Éclairage cohérent, 10.
Éclairage incohérent, 10.
Éclairage partiellement cohérent, 10.
Émulsion (courbe de noircissement), 21.
Émulsion photographique, 21.
Émulsion photographique (influence de l'épaisseur), 44.
Émulsion photographique (résolution), 37, 42.
Enregistrement de la phase et de l'amplitude, 62.

F

Facteur de transmission, 21.
Figure de diffraction, 15.
Filtrage optique, 26, 56, 97, 99.
Filtre adapté au signal, 98.
Fonction de transfert temporelle, 86.
Fond cohérent, 6, 30, 38.
Fréquence spatiale, 26.
Fresnel-Kirchhoff (formule de), 92.

G

Grandissement des images, 71.

H

Hologramme, 32.
Hologramme (aberrations), 40.
Hologramme de Fourier, 39, 41, 56.
Hologramme de Fresnel, 33.
Hologramme d'un objet diffusant, 34, 36.
Hologramme d'un signal, 98, 103.
Hologramme enregistré à travers un milieu déphasant, 55.
Hologramme (grandissement des images), 40.
Hologramme (optique géométrique), 39, 67.
Hologramme (position des images), 40.
Holographie acoustique, 59.
Holographie de Gabor, 77.
Holographie des objets en mouvement, 83.
Holographie en couleur, 47.
Holographie en éclairage spatialement incohérent, 42.

Holographie (interférométrie), 49, 72.
Holographie (microscopie), 58.

I

Image conjuguée, 68.
Image normale, 68.
Image réelle, 46, 48.
Image virtuelle, 46, 48.
Incohérence spatiale, 10.
Incohérence temporelle, 13.
Interféromètre de Michelson, 3.
Interférométrie avec écran diffusant, 51.
Interférométrie avec écran diffusant à haut facteur de transmission, 76.
Interférométrie des objets diffusants, 53.
Interférométrie des objets en mouvement, 54.
Interférométrie lorsque le fond cohérent traverse l'objet, 78.
Interférométrie par holographie, 49, 72.
Interférométrie (utilisation de verres dépolis), 74.

L

Longueur de cohérence, 13, 37.

M

Microscopie par holographie, 58.

N

Ondes stationnaires, 27.

P

Photographies blanchies, 23.
Photographies de Lippman, 29.

Plan nodal, 28.
Plan ventral, 28.

R

Reconnaissance des formes, 101.
Reconstitution de l'image d'une source ponctuelle, 64.
Reconstitution de l'image d'un objet diffusant quelconque, 66.
Reconstitution de l'image d'un point lumineux, 31.
Reconstitution d'une image en trois dimensions, 33.
Réseau circulaire, 24.
Réseau d'amplitude, 18.
Réseau sinusoïdal, 20.
Réseau zoné, 24, 87.

S

Spectres d'un réseau, 19.
Spectres d'un réseau zoné, 24.

T

Temps de cohérence, 13.
Train d'ondes, 10.
Transformation de Fourier, 15.
Transformation de Fresnel, 18.
Transformée de Fourier, 93.
Transformée de Fourier (objet placé contre la lentille), 95.
Transformée de Fourier (objet au foyer de la lentille), 97.

V

Variation de phase (traversée d'une lentille mince), 94.

TABLE DES MATIÈRES

Introduction. VII

Chapitre premier. — *Éléments fondamentaux*

1.1.	— Variations d'amplitude et variations de phase d'une onde lumineuse.	1
1.2.	— Peut-on rendre visibles les variations de phase d'un objet transparent ?	3
1.3.	— Cohérence spatiale.	7
1.4.	— Cohérence temporelle.	10
1.5.	— Cohérence dans le cas des lasers.	13
1.6.	— Diffraction à l'infini et à distance finie.	14
1.7.	— Diffraction par un réseau d'amplitude.	18
1.8.	— Diffraction par un réseau de phase.	19
1.9.	— Diffraction par un réseau sinusoïdal.	20
1.10.	— Photographie d'un réseau d'amplitude sinusoïdal.	21
1.11.	— Photographies « blanchies ».	23
1.12.	— Diffraction par un réseau circulaire. Photographie du réseau circulaire.	24
1.13.	— Filtrage des fréquences spatiales.	26
1.14.	— Photographie d'un phénomène d'ondes stationnaires.	27

Chapitre 2. — *Principe et applications de l'holographie*

2.1.	— Historique.	30
2.2.	— Reconstitution de l'image d'un point lumineux.	31
2.3.	— Reconstitution d'une image en trois dimensions d'un objet quelconque. Hologramme de Fresnel.	33
2.4.	— Influence de la résolution de l'émulsion photographique sur l'enregistrement d'un hologramme.	37
2.5.	— Longueur de cohérence des vibrations émises par la source utilisée.	37
2.6.	— Fond cohérent produit par une onde sphérique.	38
2.7.	— Correspondance entre les points de l'objet et le hologramme.	39
2.8.	— Optique géométrique des hologrammes.	39
2.9.	— Aberrations des hologrammes.	40
2.10.	— Hologrammes de Fourier.	41
2.11.	— Holographie lorsque les différents points de l'objet sont incohérents.	42
2.12.	— Influence de l'épaisseur de l'émulsion photographique.	44
2.13.	— Holographie en couleurs.	47
2.14.	— Application de l'holographie à l'interférométrie.	49
2.15.	— Interférométrie avec écran diffusant.	51
2.16.	— Interférométrie des objets diffusants.	53

2.17. — Interférométrie des objets en mouvements.	54
2.18. — Hologramme enregistré à travers un milieu déphasant.	55
2.19. — Hologrammes de Fourier et filtrage optique	56
2.20. — Application de l'holographie en microscopie	58
2.21. — Holographie acoustique	59

CHAPITRE 3. — *Formation des images en holographie*

3.1. — Enregistrement de la phase et de l'amplitude émise par une source ponctuelle	62
3.2. — Reconstitution de l'image de la source ponctuelle.	64
3.3. — Cas d'un objet quelconque	65
3.4. — Remarque sur l'étude des images données par un hologramme	66
3.5. — Géométrie de l'enregistrement des hologrammes et de la reconstitution des images	67
3.6. — Interférométrie par holographie.	72
3.7. — Interférométrie par holographie avec utilisation de verres dépolis.	74
3.8. — Interférométrie par holographie à l'aide d'écrans diffusants à haut facteur de transmission	76
3.9. — Holographie des objets en mouvement.	83
3.10. — Le réseau zoné en holographie	87

CHAPITRE 4. — *Filtrage optique et reconnaissance des formes*

4.1. — Formule de Fresnel-Kirchhoff	92
4.2. — Variation de phase subie par une onde à la traversée d'une lentille mince.	93
4.3. — Amplitude dans le plan focal d'une lentille quand on place un objet diffractant contre la lentille	95
4.4. — Cas où l'objet diffractant est situé à la distance d de la lentille.	96
4.5. — Filtrage optique en éclairage cohérent	97
4.6. — Le filtre adapté au signal.	98
4.7. — Filtrage d'un objet lorsque le filtre est la transformée de Fourier d'un signal donné (filtre adapté).	99
4.8. — Principe de la reconnaissance des formes par autocorrélation.	101

BIBLIOGRAPHIE.	105
INDEX ALPHABÉTIQUE.	121

MASSON ET Cie, ÉDITEURS
120, Boul. St-Germain, PARIS VIe
Dépôt légal : 4e trim. 1969
MARCA REGISTRADA

Imprimé en France

IMPRIMERIE BARNÉOUD S. A.
LAVAL (Mayenne)
N° 5922. — 10-1969